人工智能与大数据应用研究

衣正尧　曹慧德　潘　屹◎著

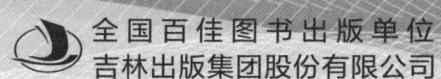

全国百佳图书出版单位
吉林出版集团股份有限公司

图书在版编目（CIP）数据

人工智能与大数据应用研究 / 衣正尧，曹慧德，潘屹著. -- 长春：吉林出版集团股份有限公司，2024.7.
ISBN 978-7-5731-5477-4

Ⅰ. TP18；TP274

中国国家版本馆CIP数据核字第2024VT9981号

RENGONG ZHINENG YU DASHUJU YINGYONG YANJIU

人工智能与大数据应用研究

著　　者：衣正尧　曹慧德　潘　屹
责任编辑：欧阳鹏
封面设计：冯冯翼
开　　本：710mm×1000mm　1/16
字　　数：180千字
印　　张：8
版　　次：2024年7月第1版
印　　次：2024年7月第1次印刷

出　　版：吉林出版集团股份有限公司
发　　行：吉林出版集团外语教育有限公司
地　　址：长春市福祉大路5788号龙腾国际大厦B座7层
电　　话：总编办 0431-81629929
印　　刷：长春新华印刷集团有限公司

ISBN　978-7-5731-5477-4　　　　定　价：48.00元
版权所有　侵权必究　　　　举报电话：0431-81629929

前言

21世纪，大数据与人工智能密不可分，人工智能会把人从简单的脑力劳动中解放出来，大数据就是第一步。数据量的激增使得企业可以通过数据实现一些过去只有人才能够做的事情，因此大数据是人工智能的前提。近年来，关于大数据与人工智能的讨论与研究一直在持续。越来越多使用大数据与人工智能技术的软件和网站出现在我们的生活之中，为无数人的生活和工作带来了便利。与此同时，大数据技术与人工智能技术已进入各个行业之中，颠覆了很多常规行业的运作模式。未来我国大数据应用技术的发展将涉及几个热点领域。机器学习、人工智能将继续成为大数据智能分析的核心技术，大数据预测和决策支持也仍将是主要应用。

在本书写作的过程中，笔者参考了许多资料以及其他学者的相关研究成果，在此一并表示由衷的感谢。鉴于时间仓促、水平有限，书中难免出现一些谬误之处，因此恳请广大读者、专家学者能够予以谅解并及时进行指正，以便笔者后续对本书做进一步的修改与完善。

2024年1月

目 录

第一章 人工智能与大数据概论 ... 1

第一节 人工智能概论 ... 1

第二节 大数据概论 ... 17

第二章 人工智能在相关领域的应用 ... 28

第一节 人工智能在医疗领域的应用 ... 28

第二节 人工智能在卫生领域的其他应用 ... 43

第三节 人工智能技术在机器人领域的应用 ... 51

第三章 大数据在教育与公共安全领域的应用 ... 62

第一节 大数据与教育 ... 62

第二节 公共安全与大数据 ... 79

第四章 大数据在相关领域的应用 …………………………………………… 94

第一节 大数据技术在审计监测中的应用 …………………………… 94

第二节 大数据技术在审计项目中的应用 …………………………… 104

第三节 大数据在互联网与生物医学领域的应用 …………………… 114

参考文献 ……………………………………………………………………… 121

第一章 人工智能与大数据概论

第一节 人工智能概论

一、人工智能产生的必然性

人工智能的出现是工具进化的结果,它符合生产力发展的要求,很好地满足了人类改造客观世界的需要。因此,人工智能的产生有其必然性。

(一)人工智能的产生是工具演变的结果

人工智能是工具演变更新的产物。工具的进化是工具为了适应人类改造世界的目的而不断革新的过程。机器遵循的是人工进化,是在人的强制干预下实现升级换代的。人工智能既然是随着工具的进化发展而来,那人工智能比起以往的生产工具又有哪些先进之处呢?

人工智能的产生是工具进化的结果。比起以往的劳动工具,人工智能的先进之处之一就在于,人工智能在模拟对象上已经上升到人的智能。劳动工具已经侧重于对人的大脑延伸和智力的放大。比起以前的只是对人体部分器官,如手、胳膊、腿等部分肢体的有限放大和扩展的生产工具而言,人工智能则试图延伸、投影人的大脑,试图放大人的脑力,从而实现全面延伸、扩展人体功能。有学者指出,当科学技术越发达,物质生产力发展水平越高的时候,"人工器官"中的脑力延伸部分比重就会越大。人工智能实现了对人脑力的模拟、延伸和拓展,人工智能技术比起以往的技术工具更加先进，更能促进生产力的发展。从生物学的角度上看，大脑作为人的"控制中心"和"司令部"，对人的其他肢体能起到控制作用，所以人工智能比起以前的铜器、铁器和蒸汽机，在模拟与延伸的对象上已经实现了进化。

另外，人工智能先进之处还在于，比起以往的生产工具，人工智能是对人肢体能力和脑力的综合延伸。人工智能较之以前的工具，吸收了人更多的肢体功能，而人工智能吸收人的技能越多，就表现出更强的拟人性，就越具有拟人化装置的特征。人工智能技术不仅是对人的智能模拟，还是对人的肢体模拟，是二者的综合性模拟。这在以前是无法做到的。回顾人类历史经历，从以铜器为代表性生产工具的奴隶社会，再到以铁器为代表性生产工具的封建社会，然后是以蒸汽机为代表性生产工具的资本主义社会，接着是信息社会，最后是即将来临的以人工智能等作为代表性生产工具的社会，无论是铁器、铜器，或是蒸汽机、信息技术都只是人类对自身某个具体肢体的延伸与扩展，比如眼睛、手、脚等，并无法深入到对人类肢体的核心部位——大脑的模拟和延伸，无法做到对人的综合模拟。

（二）人工智能响应了生产力发展的要求

人工智能可以满足生产力发展的需求。由于电子计算机和自动化技术的发展，相同数量的劳动者可以花费更少的劳动时间就生产出比过去多几倍甚至几百倍的产品。人工智能的普及也催生出许多新兴产业，这些新兴产业正在以前所未有的速度和规模发展起来。人类改造自然能力的提高，主要不是靠改变自己的生物器官，而是靠改进生产工具。任何重大的科学发现和技术发明，一旦被应用于生产过程，就会引起生产工具、劳动对象、劳动者以及生产管理方式的发展变化，从而进一步提高生产力水平，提高人类在改造客观世界方面的能力和效率。人工智能作为帮助人类改造客观世界的手段和工具，以追求效益的最大化，活动效率的最高化为目标，恰好满足了生产力发展的要求。人工智能的飞速发展，全方位地解放了人类的智能、体能等，提高了管理运营效率和机器生产效率，扩展了劳动者的实践领域，丰富了劳动者的改造对象，从而促进了生产力水平的提高。

（三）人工智能更好地满足了人类的实践目的

比起以往的劳动生产工具，人工智能可以完成更复杂的任务，实现更高级的目标。人工智能是一种"人造的"和"为人的"生产工具。应该始终坚持以人为本，以人为中心的原则，以服务人类为目的，尽可能地满足人们不断增长的、变化的需求。任何技术都体现了人们的目标和要求，都带有一定的目的。人们使用技术来帮助满足自身在社会中形成的生活和生产中的目的。技术是人类自我表达的一种形式。它是由人类的目的驱动，是人们用来实现目标的工具手段。人们利用科技来表达在社会生活中的愿望。不包含目的和功能的技术是不存在的，这正是为什么技术都带有一定的"人性"或"社会性"。人工智能作为一种技术上的革新，也是顺应人类实践的目的而产生的，以往的生产工具主要是对人的体力的不同程度解放，当人类的体力劳动获得了一定的程度的解放后，人类开始寻求脑力劳动上的解脱。人工智能技术的产生使得工具获得了有限的自主性，让工具自主地完成部分任务由理想变为了现实。与此同时，人工智能技术可以更有效率地、精准地完成人类的所指定的更加复杂的任务，为人类实践目的更好、更快地达成提供了强有力的工具支撑。

二、人工智能的本质

（一）人类实践的新工具

人工智能本质上是人类实践的新工具，生产工具体现了人类的能力和意志。比如人脸识别技术，已经作为一种工具，被广泛应用于机场、景点、火车站等场所。在这些人流量较高的地方，经过智能识别机器"刷脸"，提高了客流速度，减少了拥堵，部分窗口验票工作人员也从机械的劳动中解放了出来。有学者将生产工具称之为"人工器官"，其指出，这种"人工器官"有些是人的体力的延伸，有些是人的脑力的延伸，有些是人的体力和脑力的共同延伸，如自动化系统和机器人。人工智能技术作为一种新的工具，不仅解放了人的体力，同时也释放了人的脑力。人工智能是人类为了达到更好改造客观世界的目的而制作出来的工具。人工智能的研究就是通过智能机器来提高人们在改造自然和治理社会的各项任务中的能力和效率。人类由于自身机体的脆弱性和力量的有限性，因此发明了各种工具来扩展他们在实践活动中的能力。斧头其实是对人的臂力的扩展，弓箭是对人在速度上缺陷的克服，智能机器则可以帮助人类大脑处理一些烦琐的重复劳动。因此，人工智能作为研发出来的一种高科技技术，是帮助提高人们改造客观世界的能力的新工具。

（二）人类对自身智能的模拟

人工智能是人的智能物化的结果。技术发展的一个重要途径就是对其他生命个体的模仿。在工具漫长的演变历程中，人类首先是通过对其他生物的模拟来实现工具的进化。在对其他生物的模拟达到一定的程度之后，再逐步寻求对自身的模拟，由易到难，从简单到复杂，逐步实现工具的演变升级。如同一位伟人所言，自然界没有制造出任何机器，没有制造出机车、铁路、电报、走锭精纺机等等。它们是人类劳动的产物，是变成了人类意志驾驭自然的器官或人类在自然界活动器官的自然物质。思维和思维结果物化所产生的人工智能是自然界长期发展和人类社会实践的产物。

艾伦·图灵作为人工智能的先驱之一，希望人工智能可以成为一个"思考机器"[1]，但人们很快意识到很难实现图灵的愿景。人工智能对人的智能模拟，只能停留在功能性模拟上，人工智能和人类智能之间是有很大不同的。首先，从内在机制上看，人的智能是通过人脑的神经元网络对信息进行加工和存储，而人工智能的基础是集成电路。其次，从智能的性质上看，人的智能是积极的、主动的、不受限制的，但是人工智能却要受限于人的智能。人的智能是通过参与社会实践而获得的，可以不断更新和积累。人的智能是受人自身的目的驱动的，而人工智能是受外在存在对象，即人的目的所驱动。最后，从智能的传递方式上看，人类的智能是通过人类的耳濡目染或是教育来得到传承和积累，但是人工智能是填鸭式的机械填充。人的智能与人工智能在传承方面也是存在很大区别的。此

---

[1] ［英］玛格丽特·博登. 人工智能的本质与未来［M］. 刘西瑞等译. 北京：中国人民大学出版社，2017：11.

外,人脑对于突发状况的处理,相对于人工智能会更加的灵活,而人工智能相对来说显得有些死板。因此,人工智能无论是在功能上,还是在智能属性上,都只能停留在功能性模拟的程度,而无法真正成为人的智能。

这里也有必要探讨一下智能与智慧的区别。人工智能模拟的是人的智能,不是人的智慧。智能与智慧是存在很大区别的。

人的智慧本身是一个动态的过程,可以不断地更新、补充,它处于永恒的探究过程中。智慧源自对人生经验的反思,是复杂的和多维的。智慧是运用学问去指导生活、改善生活的各种能力。智慧涉及利益取舍和选择判断。智慧包括了人的常识和透过现象看本质的敏锐洞察力和判断力。智慧可以帮助人类纵览全局、权衡利弊,最后做出最佳解决方案和最有利于自身的选择。一个人可能在学校里取得好成绩,但仍然会做出错误的选择并陷入困境。因为其还没有足够的智慧来帮助其做出明智的决定。当一个人拥有智慧时,其能够在语言和行动层面上迅速做出对自己有利的反应。其次,智慧常常与道德联系在一起的。"智慧"的主体——人,必须要有道德判断的能力,知道自己的行为是否在道德所认可的范围之内,是否跨越道德的界限,并能预测出自己跨越道德底线后所带来的后果。智慧的人通常可以协调好个人利益和公共利益的关系,力求达到二者的平衡。这种平衡是对环境的适应和选择。因此,智慧不仅仅追求自我利益的最大化,更关注他人与所处的集体或者是环境的利益,追求多方面的和谐与平衡。智慧常常涉及利益取舍,在取舍间通常有道德的因素参与其中。

而智能侧重的是对事情的应变处理能力。智能偏重对环境的适应和采取自主行动的能力。与人的智慧相比,智能不会过多涉及道德因素,不会涉及利益取舍的问题。我们提及智能时,通常会说一个东西是智能的,比如智能手机,智能手表和智能音箱等,这个智能更多是对环境的主动适应,强调的是适应和应变能力。而说一个人是智慧的,不仅仅代表其是智能的,也强调这个人在丰富的人生阅历中积累了许多处世的经验,善于处理复杂的问题,能正确处理矛盾与利益冲突,能够纵览全局,做出最合理、最优的选择。人通常都是智能的,但并不一定都是智慧的。用智慧来做评价时,不能仅仅说是对的还是错的,它涉及多方面的因素，更多的是用是否是道德的，是否是最优的、最合理的来形容，智慧追求的是至善、至美。

人工智能显然不具备人的智慧。例如，它可以为人类的任何已知主题提供多角度、多方面的信息资源。但是，它却不能结合多方面的因素，在错综复杂的关系中，为人类做出最优的选择，比如它不能告诉你是否应该结婚、离婚和换工作。人工智能技术吸收了人类众多的智能，但是它没有权衡利弊的能力，没有人的道德伦理观念，人工智能技术只是对人的知识加工利用，并不具备人的智慧。

综上所述，人工智能的产生顺应着工具的进化发展而来，很好地响应了生产力的发展要求，能更为有效地帮助人类达到实践的目的。人工智能本质上，是人类通过模拟自身智能所创造出来的工具，它是一种技术的存在，是一种工具的存在。

三、人工智能技术

（一）计算机视觉

计算机视觉是指用摄像机和电脑代替人眼对目标进行识别、跟踪和测量，并进一步做图形处理。作为一门科学学科，计算机视觉研究相关的理论和技术，试图建立能够从图像或者多维数据中获取"信息"的人工智能系统。计算机视觉目前还主要停留在图像信息表达和物体识别阶段，而人工智能则更强调推理和决策。目前，计算机视觉主要应用在安防摄像头、交通摄像头、无人驾驶、无人机、金融、医疗等方面。

（二）语音识别

语音识别技术就是让机器通过识别和理解过程把语音信号转变为相应的文本或命令的高新技术。

语音识别技术主要包括特征提取技术、模式匹配准则及模型训练技术三个方面。语音识别是人机交互的基础，主要解决让机器听清楚人说什么的难题。人工智能目前较为成功的就是语音识别技术。语音识别目前主要应用在智能翻译、智能家居、自动驾驶等方面。

（三）自然语言处理

自然语言处理大体包括了自然语言理解和自然语言生成两个部分，实现人机间自然语言通信意味着要使计算机既能理解自然语言文本的意义，又能以自然语言文本来表达给定的意图、思想等，前者称为自然语言理解，后者称为自然语言生成。自然语言处理是计算机科学领域与人工智能领域中的一个重要方向。

目前，具有相当自然语言处理能力的实用系统已经出现，典型的例子有：多语种数据库和专家系统的自然语言接口、各种机器翻译系统、全文信息检索系统、自动文摘系统等。

（四）机器学习

机器学习就是让机器具备人一样的学习能力，专门研究计算机怎样模拟或实现人类的学习行为，以获取新的知识或技能，重新组织已有的知识结构，并使之不断改善自身的性能。它是人工智能的核心。

机器学习已经有了十分广泛的应用，例如：数据挖掘、计算机视觉、自然语言处理、生物特征识别、搜索引擎、医学诊断、检测信用卡欺诈、证券市场分析、DNA 序列测序、语音和手写识别、战略游戏和机器人运用。

（五）大数据

大数据，又被称为巨量资料，指的是需要全新的处理模式才能具有更强的决策力、洞察力和流程优化能力的海量、高增长率和多样化的信息资产。也就是说，从各种各样类型的数据中快速获得有价值信息的能力，就是大数据技术。大数据是 AI 智能化程度升级和进化的基础，拥有大数据，AI 才能够不断地进行模拟演练，不断向着真正的人工智能靠拢。

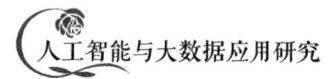

四、人工智能对社会发展的影响

(一)人工智能对社会生产力的影响

1. 劳动者该何去何从

一方面,劳动者将得到一定程度的解放,不必再遭受繁重劳动的折磨。要知道,劳动从来只是人类追求美好生活的一种手段,而劳动本身并不是目的。另一方面,劳动者将迎来新一轮的"洗牌",会面临失业的风险或者职业转型的阵痛。我们先来看看人工智能给劳动者带来的积极影响:

第一,智能化背景下,劳动者将由事必躬亲的执行者转变为监督者、协调者,劳动者参加实践活动的方式变得间接和不明显。未来的机器人,在尽可能少的人为干预和参与情况下,就可以为人类创造巨大的物质财富积累。在智能化的生产背景下,人不再需要直接参与生产,只需要进行监控与策划。过去由劳动者自身去完成的工作,将直接由计算机控制的机器来独立完成生产。人可能只需要偶尔盯着电子屏幕,从旁协助、监控就可以完成生产。那这时,会有人质疑:这是否意味着人不再参加社会实践生产活动?肯定不是。机器人本身就是人的实践活动的产物,机器人所从事的生产,其本质依然是人在参加生产劳动。另外,机器人还无法完全脱离人们的辅助和监控。实质上,没有人就没有机器人。因此,机器人的工作只是人类劳动范围的延伸,实质上依然是人在参与实践活动。马克思指出,劳动的外化表现为这样一个事实,即工人不是肯定自己的劳动,而是否认自己,他们感到痛苦、不幸,他们不是自由地发挥自己的体力和智力,他们的身体受到折磨,精神受到摧残。但是随着人工智能技术的应用,这种情况将会得到改善。

第二,劳动内容简化,劳动者只需要决策、负责与创新。唯物史观指出,物质生产活动是最基本的活动,是一切其他生产活动的基础。人们所有活动的前提是必须解决基本的温饱问题,而后再考虑娱乐享受。在人工智能诞生以后,物质生产活动依然是最基本的活动,但是活动已经不是由人类直接来完成,而是由机器人代替完成。人在未来所要做的就是决策与负责。当各种生产活动全面实现自动化时，人类需要做的就是做出选择。与此同时，人类还需要做的一件事就是负责。对于社会出现的一系列问题，能为此负责任的只有人类，能被认可的道歉主体也只能是作为社会主体的人类。最后，为推进人类社会文明的继续进步，人类还必须发挥自己的创新能力，培养自己的创新思维和意识，推进人类社会继续前进。如果人类不再创新，那么整个社会将在原点循环往复，那将是非常可怕的。

这是人工智能技术为劳动者所带来的福音。但是，我们也必须看到人工智能技术给劳动者带来的失业风险和职业转型的阵痛。到底哪些职业会被取代，哪些职业会幸运地保存，而又会催生出哪些新的职业呢？

对于职业重新"洗牌"的规则，如何预测一项工作是否会被取代的方法就是"5秒钟准则"：如果一个人在五秒内就可以完成其在工作中所需要的思考，那么这项工作有很大概率可能会被人工智能所取代。人类职业的变化应分为三种：

第一，重复简单的劳动将被逐渐取代。人工智能的优势是明显的，尤其是在数据处理方面，重复而机械的事情，机器做得比人类好、比人类快。比如娱乐软件会通过人工智能与机器学习软件对内容进行个性化定制，实现新闻智能推送，用来迎合不同终端用户的喜好。人工智能通过收集大量的数据，然后通过对数据进行一系列的运算、比较、分析，得出一个个用户的使用偏好，就如人所做的社会调研，只是人工智能做得更加全面、灵活、精准。人工智能可以模拟人类的五官：视觉、听觉、触觉、嗅觉、味觉，而且人工智能的五官感觉比人类的五官感觉灵敏。人工智能对人类的超越，不仅仅体现在五官的功能上，或者数据的统计上，在人类诸多的能力，如承载力、记忆力等方面，人工智能都有了超越。因此，人工智能技术可以在机械、简单的领域发挥自身固有的优势，那么人类所从事的机械、重复的实践活动将由人工智能代替完成。

人工智能技术的应用和普及，迫使劳动者必须掌握使用人工智能的技能，这样才能在智能化的环境中生存下来。但是这对于以前从事机械重复劳动的人来说，他们的学习能力和学习意愿相对较差，如何适应这次职业转型，对他们来说将是一个挑战。

但若换个角度看，人类部分工作的消失，并不是一件坏事。当今社会，虽然人们可以获取更多的物质生活资料，但是属于自己的时间却越来越少了。通过人工智能取代一些无聊、单调的劳动也是对人的一种解放。马克思认为，人类劳动应该是实现人类价值，展现人性的过程，一个帮助人类过上更美好生活的方式和手段。但现状是，劳动变成了对人的一种奴役，劳动是痛苦的和被迫的。由于部分行业的生产力低下，所以只能靠延长劳动时间来保证创造足够的物质财富积累，这无疑是对劳动者精神和身体的严重摧残，特别是那些高强度、超负荷的劳动，比如煤矿工人，建筑工人等。而这种情况在智能机器人被引入后，将有望得到改善。

第二，部分职业继续保留。人工智能因其自身的缺陷，使得人类仍大有用武之地。人工智能目前还不能情感模拟、不具有自主意识等，这也就意味着，人类仍可以在部分领域发挥自己的价值。在真正的社会治理中，除了明文规定的条例之外，还存在着酌情处理的余地，所谓酌情处理，正是依靠人而存在的。总而言之，有一种岗位不可或缺，那就是需要情感技能的岗位。

第三，新职业层出不穷。任何技术的革新与应用，不会只是仅仅消灭岗位，而不再创造新的职业，如果真是这样，那么这个社会就无法运转，技术只会催生出更多的无业游民。所以，技术在消灭部分岗位的同时，也一定会创造出新的职业。例如，汽车出现以后，由于汽车更加方便、快捷，人力车夫的职业就受到了威胁，并最终被取代，但是却创造出出租车司机这个新的就业机会。再比如，现如今的"外卖小哥"，就是在互联网飞速发展的大背景下产生的。在互联网还未普及时是没有这个职业的。

随着人工智能的不断发展，劳动者不再是事必躬亲的执行者，而是借助人工智能来达到实践目的的监督者。另外，劳动者直接参加的生产实践活动将得到简化，只需要负责、决策和创新。有学者指出，以前劳动者的劳动属于被迫奴役劳动，只有到了现如今的社会主义社会和未来共产主义社会，劳动者的劳动才能真正成为人类自身价值实现的方式和手段，而不再是一种奴役、痛苦和折磨。但是也要看到，人工智能技术也给劳动者带来了失业的阵痛，如何在这次职业转型中重生，将是人工智能对劳动者发起的挑战之一。

2. 劳动工具获得有限的自主性

劳动资料将由计算机控制，实现自主化、标准化生产。越来越多的自动化技术应用于办公室和工厂。劳动者逐渐从大型机器的捆绑中解放出来。劳动者只需要从旁协助就可以完成生产。作为劳动工具的机器人将在人类的监督下自主完成相关任务。劳动工具将可以拥有有限的自主性。人们不再需要直接参与操作，只需要从旁适当地辅助。目前，劳动工具的自主性主要体现在制造业的自动化生产。制造业中的工业自动化是在工厂中使用"智能"机器，也就是人工智能技术，它涉及各种控制系统的应用，使操作设备能够在人类干预很少的情况下自行完成那些需要速度、耐力和精准度的任务。通过实现自动化生产与制造，运行流程更加的精简，也可以节约能源、材料和劳动力。

3. 劳动对象得到拓展

劳动对象也因为人工智能技术的应用得到丰富和扩展。随着计算机技术的发展和应用，人们的实践领域不用再受时间、空间、物质手段和社会经济等因素制约和限制。

劳动对象越来越偏向"人造物"，而不再仅仅只是纯粹的自然物。随着实践和认识活动的深入，自然劳动对象越来越不能满足生产者的需求，迫切需要发现新的材料。因此，人类不断开发、利用新材料，努力扩大劳动对象的范围，力求为实践活动提供更加丰富的材料。为了丰富和拓展劳动对象，自然被打上了越来越多的人类的印记。许多新的实践客体也因为人工智能技术的应用而被创造出来，如数据、信息和知识也已成为人类劳动实践活动的对象。目前，还出现了虚拟客体。它来源于虚拟技术，是根据实践需要进行数字化处理，形成的一种信息存在。虚拟客体的产生极大地扩展了活动的对象。

综上所述，在智能化的背景下，生产力发生的变化主要表现在：首先，劳动者不再受繁重机械劳动的束缚，但是劳动者也面临着失业或者职业转型的风险；其次，劳动工具获得了有限的自主性。最后，劳动对象得到了拓展。这就是人工智能技术对生产力的一系列影响。

（二）人工智能对社会生产关系的影响

唯物史观认为，生产关系是指在物质资料生产过程中形成的人与人之间的关系。它反映了人们在物质生产和劳动过程中的经济关系。生产关系包括生产资料的所有制、劳动者在生产中的地位以及社会分配。当人工智能大量普及时，生产力大大提高，必然导致生产关系的调整。那么人工智能又会如何影响生产关系诸要素的发展呢？首先，生产资料所有制形式更加合理；其次，生产者地位趋向平等；最后，财富分配总体上趋向公平，但也存在新的两极分化的风险。

1. 生产资料所有制形式更加合理

生产资料所有制形式更加合理。唯物史观指出，生产资料所有制是指人们在生产资料所有、占有、支配和使用等方面所结成的经济关系。通俗地讲，生产资料所有制就是生产资料归谁所有。

首先，在智能化的时代，人人皆可成为生产资料所有者。生产资料所有不再是资本家的专利。因为在智能化的时代，脑力劳动逐渐取代体力劳动占主导地位，知识已经作为一个新的生产要素在生产过程发挥着重要的作用。在知识经济时代，知识不但成为生产资料，还可为资本家创造剩余价值。知识是每个人都可以拥有、获得的东西，这意味着每个人都可以成为生产资料的所有者。

其次，随着人工智能的普及，生产资料的所有制形式多样化。唯物史观指出，生产资料的所有制形式将由最初的生产资料私有，转变为生产资料公有。但是，随着人工智能的普及，社会的不断发展，生产资料的所有制形式不再仅仅是简单的一刀切，非公有即私有，而是公有和私有可能同时存在。生产资料的所有制正在由相对单一的"公有制"或"私有制"转变为以各种形式共存的生产资料所有制形式，包括公有、国有、私有、合伙和股权等多种形式。因此，在人工智能技术的背景下，生产资料的所有制形式更加合理。

2. 生产者地位趋向平等

随着人工智能技术的应用，大量简单、重复的劳动被取代，这是不是会导致人类数千年的金字塔形状的社会分工方式变得不再稳定？答案肯定不是的。只是在人工智能的促进下，金字塔内部发生一系列的变化。

第一，脑力劳动者的地位提高。由于劳动者掌握了知识并拥有一定的技术，可以为资本家创造巨大的价值，这就为其自身地位的提高创造了条件。人工智能技术的飞速发展，不但提高了知识分子的地位，还使脑力劳动者和体力劳动者具有直接同一的趋势。在生产组织的结构方面，出现了由金字塔式向"扁平化"的转变，等级和层次越来越不明显。人与人之间的生产本来就应该是平等合作的关系。然而，随着私有制的出现，人们在生产关系中的不平等地位被合法化，并一直保持下来。但现如今，土地、资本等实物要素在生产过程中的重要性和稀缺性不再像以前那么重要，其重要性不断地下降，而知识等无形资本的重要性却日益提高，各要素所有者的地位也相应发生了变化。目前，主要劳动已逐渐从体力转向智力，生产者的素质从体力为主转向智力为主，产品日益减少体力劳动含量而增加脑力劳动含量，产品的增值也越来越依附于脑力劳动含量的增加。

第二，金字塔内部阶层之间的流通更加顺畅，流动性加强。古代的金字塔模式：上品无寒门，下品无士族，各阶层之间存在着绝对的界限和区分，不同阶层之间很难流动，人通常很难跨越不同阶层，实现阶层身份的转变。从刀耕火种的时代到当今社会，人类社会的分工遵循了与金字塔形状类似的社会结构模式：少数人影响和领导多数人，这部分少数人主要是指领导者和决策者；较多的人进一步影响或管理更多的人，这部分人通常是管理人员、高级学者、思想领袖等；金字塔底层是大量从事简单劳动或者具体劳动的普通民众，他们占据了社会的大多数。各阶层之间很难流通，人们都只是在同一阶层内部小范围流动，很难跨阶层实现身份的转变。但是随着知识经济的发展，各阶层之间不再有绝对的限制。普通大众都有机会通过自己的学习和努力走上更高阶层。例如，一个人从公司最底层干起，并通过学习和培训慢慢承担中层管理责任。经过一段时间的训练和积累，其最终走上了高层职位。所以，在智能化时代，任何人都有可能实现自身阶层的转变。

第三，金字塔内部的阶层划分重新进行了调整，呈现出新的三级划分：从底层人工智能到中层的普通大众，再到顶端的部分管理人员和技术开发人员。这时，大多数人都是处于中层，只有极少数人处于顶端的位置，承担着社会管理和技术研发的职责。由于社会职业的大规模调整，大部分职业都将被人工智能所取代，一些基本的、重复的、毫无意义的工作将由人工智能技术来完成。而中层的艺术创作、情感互动、人机交流等职业将继续由人类完成，这些职业的工作者将构成中层，占据人口的绝大多数。而剩下的极少部分人将负责技术创新和社会管理工作。

总之，在智能化时代，首先，劳动者的地位趋于平等，脑力劳动者的地位得到了大幅度的提高，劳动者之间变成了一种平等合作的关系；其次，金字塔内部阶层之间流动性加强；最后，金字塔内部的阶层重新划分，呈现由底层的人工智能到中间阶层的大多数普通民众，再到顶尖阶层的极少数技术开发者和管理者。这一切都体现了生产者地位趋向平等。

3. 财富分配面临新的挑战

人工智能技术在极短的时间内为人类积累了大量的物质财富。这些积累起来的物质财富在智能化的大背景下，又会呈现出什么样的分配特点？简而言之，社会财富分配总体上是呈现越来越公平的趋势，但也存在新的两极分化的风险。

为什么说社会分配总体上趋向公平了？这主要体现在科学技术知识作为无形资产参与分配，不再像过去那样局限于产房、资本等有形资产；财富的分配形式不再像以前那么单一，局限于某一种具体的分配形式，实行一刀切，而是多种分配方式并存。

首先，科学技术知识参与分配。科技、知识、信息等无形资本也在生产中发挥着巨大的作用，为价值的创造贡献着自己的力量。它们成为越来越重要的资源和竞争力的标志。资本的占有不再仅仅体现在实物形式上，如土地、厂房、矿产等，而且还体现在如知识、信息和技术等无形的资本上。在信息社会中，拥有科学、技术、知识和信息等无形资本的人也可以拥有权力和财富。因为当这种无形资本一旦与一定的劳动者、劳动资料相结合，就可以转化为物质形态的科学技术，创造出巨大的经济效益。此外，一个明显的趋势是，有形资本越来越依赖知识、信息和技术等无形资本，通过结合无形资本实现自身价值的增值。在工业社会中，有形资本占有极其重要的地位。在当今社会，劳动和知识等无形资本在价值增值中的作用越来越大。许多生产商通过出售他们的技术专利和管理知识而获取收益。土地和房产等有形资本的显著特征就是：无论数量有多大，其总是有限的、不能共享的。但信息等无形资本却不同，其是无限的，可以共享、继承，也就是说，其拥有并不是唯一的。许多一无所有的就业者通过学习、掌握和使用信息，可以与有形的资本持有者一起掌控经济活动，并以无产者的身份成功跨入富人的门槛。

其次，产品分配形式多样化。每一次技术更新都可以为社会创造更多的财富，财富积累的速度越来越快，社会出现了一个又一个的财富神话。在智能化的时代里，分配变得更加合理。产品分配不再是单一的"按资分配"或"按劳分配"，而是按劳分配、按资分配和按需分配等多种分配方式并存。智能化时代，分配总体上趋向公平。

最后，共享有望成为社会分配的一种新的形式。共享即分享，人们共同拥有对一件物品或者信息的使用权或者知情权，有时也包括产权。随着共享经济的不断推进，共享对象从以前的信息共享到实物共享，从纯粹的无偿共享到获得一定数量补偿的共享。在我国一些城市，共享单车、共享雨伞、共享充电宝和共享汽车等的出现就是对其最好的说明。共享作为一种新的形式，对于社会财富分配公平的实现和资源的高效利用有很大的益处。随着共享经济的不断发展，这种共享将有望成为越来越普遍的分配形式。

但与此同时，新的两极分化也可能由于人工智能的不合理利用而产生，社会贫富差距还有可能继续扩大。因此，如何让更多的人享受技术进步所积累的社会财富，以及如何更加合理公平地分配社会财富，是我们应该关心的事情。接下来，我们来具体研究一下：

首先，人工智能的商业化，使商家看到了人工智能背后隐藏的巨大经济利益，从而使人工智能的使用权、知识产权等私有化，严重挑战了知识的公有性，形成一种在人工智能大背景下的新型超级垄断。在人工智能创造的巨大经济利益驱动下，公共知识私有化的强度还在进一步加深，知识所有者从中获得了巨大的垄断利益。人工智能的技术知识只能是被部分公司或者个人占有，无法成为公有化的财产。长此下去，部分生产者就被永远地排斥在人工智能的圈子之外，成为人工智能时代的"新文盲"。目前，部分初创公司，根本无法获取像国内大型互联网企业所掌握的由人工智能技术所收集的信息数据，而这些信息数据对一个初创公司又是极其重要的，因此人工智能并没有像我们想象的那样实现了知识的迅速扩散，并为社会的公平正义做出应有的贡献，而有可能造成并加剧新的社会分歧和不平等。

其次，人工智能在"能够熟练使用或者是研发人工智能或机器人的部分人群中"和"被剥离工作的人群"之间形成了两极分化。例如在国内某些城市，机器人制造相关人才月薪超过两万，而被人工智能技术所取代下来的工人必须得面临着失业所带来的窘迫。随着人工智能技术的不断推广，贫富差距有可能进一步拉大，两极分化可能更加明显，并不是所有人都能够愉快、幸运地享受人工智能技术带来的福利。相反，人工智能技术可能会带来信息屏障并产生信息难民。在互联网时代，少数人会成为信息穷人和信息难民，因为他们不能或无法上网，甚至不会上网。人工智能对知识系统的更高要求，使得一些人依然会遭遇信息屏障，并且人工智能技术所带来的信息障碍将更加难以跨越。但如果无法克服这个障碍，他们就很难享受人工智能的发展成果，社会公平也无法实现并得到保障，由此将产生严重的社会问题。

从长远来看，必须确保人工智能技术是一项造福全人类的技术，而不仅仅是个人或个别公司谋求利益的工具，必须努力确保每个人都能受益于人工智能。因此，政府和企业必须创造一个有利的环境，以确保来自世界各地的用户都有望成为研发者而不仅仅是消费者。另外，从国家与国家的层面讲，要消除跨境数据流通的障碍，并确保无论是发展中国家还是发达国家都有相同的机会参与并从中受益。

简而言之，人工智能技术的发展与应用，生产资料所有制、生产者的地位和分配关系都得到了相应的发展。首先，生产资料所有制更加合理。人人皆可成为生产资料所有者。生产资料所有制形式多样化。其次，生产者的地位越来越趋向平等。再次，金字塔内部阶层之间流动性加强，并进行了重新划分，呈现由底层的人工智能到中间阶层的大多数普通大众，再到顶尖阶层的极少数技术开发者和管理者。最后，社会财富分配一方面趋向于公平，但是另一方面也存在着新的两极分化的风险。因此，有必要采取措施规范人工智能技术的使用，使社会朝着更加公平、和谐的方向发展。

第二节 大数据概论

一、大数据的概念

大数据是指数据规模大，尤其是因为数据形式多样性、非结构化特征明显，导致数据存储、处理和挖掘异常困难的那类数据集。大数据的增长迅速、类型繁多，如文本、图像和视频等。大数据处理通常包含数千万个文档、数百万张照片或者工程设计图的数据集。

二、大数据特点

通常将大数据的特点归纳为5个V：Volume（数据容量）、Variety（数据类型）、Value（价值密度）、Velocity（速度）、Veracity（真实性）。

（一）数据容量

Volume代表数据的容量。一般来说，超大规模数据是处在GB（即10^9）级的数据，海量数据是指TB（即10^{12}）级的数据，而大数据则是指PB（即10^{15}）级及其以上的数据。可以想象，随着存储设备容量的增大，存储数据量的增多，大数据的容量指标是动态增加的，也就是说还会增大。下一代计算机存储单位还会出现BrontoByte、GegoByte等存储单位。如果用磁盘来存储大数据将是一个困难的工作，所以不能用传统的方法来存储与管理这些大数据。

（二）数据类型

Variety代表数据类型繁多，由于大数据主要来自互联网，所以大数据包含多种数据类型。例如，各种声音和视频文件、图片、文档、地理定位数据、日志、文本字符串文件、元数据、网页、电子邮件、表格数据等。其中，视频、图片和日志为非结构化数据，网页为半结构化数据。

（三）价值密度

Value 代表价值密度。我们可通过对大数据获取、存储、抽取、清洗、集成、挖掘与分析来获得价值。大数据价值密度低，大概80%甚至90%的数据都是无效数据。以视频为例，在连续不间断的监控过程中，可能有用的数据仅仅有一两秒，难以进行预测分析、运营智能、决策支持等计算。通常可利用价值密度比来描述这一特点，价值密度的高低与数据总量大小成反比，总量越大，无效冗余的数据越多。随着物联网的广泛应用，信息感知无处不在，如何通过强大的计算机算法迅速地完成数据的价值提纯，是亟待解决的难题。

（四）速度

Velocity 代表大数据产生的速度快、变化的速度快。传统技术不能完成大数据高速存储、管理和使用，因此需要研究新的方法与技术。如果数据创建和聚合速度非常快，就必须使用迅速的方式来揭示其相关的模式和问题。发现问题的速度越快，越有利于从大数据分析中获得更多的机会与结果。

（五）真实性

Veracity 代表数据的真实性。真实性是指数据就是所标识的数据，是真实有效的。准确性是真实性的描述，不真实的数据需要进行清洗、集成和整合，获得高质量的数据，再进行分析。也就是说，采集来的大数据不能保证完全真实性，但是，大数据分析需要真实的数据，越真实的数据，数据质量越高，分析的效果越好。

三、大数据的性质

从大数据的定义中可以看出，大数据具有规模大、种类多、速度快，以及价值密度低和真实性差等特点，在数据增长、分布和处理等方面具有更多复杂的性质。

（一）非结构性

结构化数据是可以在结构数据库中存储与管理，并可用二维表来表达实现的数据。这类数据先定义结构，然后才有数据。结构化数据在大数据中所占比例较小，只占15%左右，现已被广泛应用。当前的数据库系统以关系数据库系统为主导，例如银行财务系统、股票与证券系统、信用卡系统等。

非结构化数据是指在获得数据之前无法预知其结构的数据。目前，所获得的数据85%以上是非结构化数据，而不再是纯粹的结构化数据。

传统的系统无法对这些数据进行处理，从应用角度来看，非结构化数据的计算是计算机科学的前沿。大数据的高度异构也会导致抽取语义信息的困难。如何将数据组织成为合理的结构是大数据管理中的一个重要问题。

半结构化数据具有一定的结构。这样的数据与结构化数据、非结构化数据都不一样，半结构化数据是结构变化很大的结构化的数据。因为需要了解数据的细节，所以不能将数据简单地组织成一个文件按照非结构化数据处理；由于结构变化很大，所以也不能够简单地建立一个表与其对应。

例如，存储员工的简历。每个员工的简历各不相同，有的员工的简历很简单，如只包括教育情况；有的员工的简历却很复杂，如包括工作情况、婚姻情况、出入境情况、户口迁移情况、技术技能情况等。一般情况下，要完整地保存这些信息并不是很容易，因为系统中表的结构会在系统运行期间发生变更。

结构化数据、非结构化数据、半结构化数据的比较如表1-1所示。

表1-1 结构化数据、非结构化数据、半结构化数据的比较

对比项	结构化数据	非结构化数据	半结构化数据
定义	具有数据结构描述信息的数据	不方便用固定结构来表现的数据	处于结构化数据和非结构化数据之间的数据
结构与内容的关系	先有结构，再有数据	只有数据，无结构	先有数据，再有结构
示例	各类表格	图形、图像、音频、视频信息	HTML文档，它一般是自描述的，数据的内容与结构混在一起

大数据催生了大量研究问题的出现。非结构化和半结构化数据的个体表现、

一般性特征和基本原理尚不清晰，需要通过数学、经济学、社会学、计算机科学和管理科学在内的多学科交叉研究。对于半结构化或非结构化数据，例如图像，需要研究如何将它转化成多维数据表、面向对象的数据模型或者直接基于图像的数据模型。大数据的每一种表示形式都仅呈现数据本身的一个侧面，而非其全貌。

由于现存的计算机科学以及技术架构和路线已经无法高效处理大数据，如何将大数据转化成一个结构化的格式是一项重大挑战，如何将数据组织成合理的结构也是大数据管理中的一个重要问题。

（二）不完备性

数据的不完备性是指在大数据条件下所获取的数据常常包含一些不完整的信息和错误的数据，即"脏数据"。在数据分析阶段之前，需要进行抽取、清洗、集成，进而得到高质量的数据之后，再进行挖掘和分析。

（三）时效性

数据规模越大，分析处理时间就会越长，所以高速度进行大数据处理非常重要。如果设计一个专门处理固定大小数据量的数据系统，其处理速度可能会非常快，但这并不能适应大数据的要求。因为在许多情况下，用户要求立即得到数据的分析结果，需要在处理速度与规模的折中考虑中寻求新的方法。

（四）安全性

大数据高度依赖数据存储与共享，必须考虑寻找更好的方法来消除各种隐患与漏洞，才能有效地管控安全风险。数据的隐私保护是大数据分析和处理中的一个重要问题，对个人数据使用不当，尤其是有一定关联的多组数据泄露，将导致用户的隐私泄露。因此，大数据安全性问题是一个重要的研究方向。

（五）可靠性

可以通过数据清洗、去冗等技术来提取有价值数据，实现数据质量高效管理，以及对数据的安全访问和隐私保护，这已成为大数据可靠性的关键需求。因此，针对互联网大规模真实运行数据的高效处理和持续服务需求，以及出现的数据异质异构、非结构乃至不可信的特征，数据的显示、处理和质量已经成为互联网环境中大数据管理和处理的重要问题。

四、大数据处理周期

大数据处理周期是指从数据采集、清洗、集成、挖掘和分析，进而从各种各样类型的巨量数据中快速获得有价值信息的过程。目前所说的大数据有双重含义，它不仅指数据本身的特点，而且包括采集数据的工具、平台和数据分析系统。大数据的研究目的是发展大数据技术并将其应用到相关领域，通过解决大数据处理问题实现突破性发展。因此，大数据带来的挑战不仅体现在如何处理大数据并从中获取有价值的信息，而且体现在如何加强大数据技术研发、抢占时代发展的先机。

近年来互联网、云计算、移动计算和物联网迅猛发展，无所不在的移动设备、RFID、无线传感器每分每秒都在产生数据，数以亿计用户的互联网服务时时刻刻在产生巨量的交互，而业务需求和竞争压力对数据存储与管理的实时性、有效性提出了更高要求，在这种情况下提出和应用了许多新技术，主要包括分布式缓存、分布式数据库、分布式文件系统、各种 NoSQL 分布式存储方案等。

（一）大数据处理全过程

目前，全球数据规模急剧扩大，不仅数据处理规模巨大，而且数据处理需求多样化。因此，数据处理能力已成为核心竞争力。数据处理不仅需要将多学科结合，而且需要研究新型数据处理的科学方法，以便在数据多样性和不确定性前提下进行数据规律和统计特征的研究。ETL 工具负责将分布的异构数据源中的数据，如关系数据、平面数据文件等抽取到临时中间层后进行清洗、转换、集成，最后加载到数据仓库或数据集市中，成为联机分析处理、数据挖掘的基础。

一般来说，大数据处理的过程可以概括为 5 个步骤，即数据获取与存储管理、数据抽取与清洗、数据约简与集成、数据分析与挖掘、结果解释。

通过上述 5 个步骤（又称大数据生存周期）可以将获取的数据转换为有价值的信息，在每个阶段都需要应对大数据的 5V 特征。

1. 数据获取与存储管理

大数据的获取与存储管理是指利用各种数据库接收发自 Web、App 或者传感器等客户端的数据，并且用户可以通过这些数据库来进行简单的查询和处理工作。在大数据的获取过程中，其主要特点是并发率高，数据量巨大，因为可能有成千上万的用户同时访问和操作数据库系统。

2. 数据抽取与清洗

虽然在数据获取端设置了大量的数据库系统，但是如果要对这些数据进行有效的分析，还是应该将这些来自前端的数据抽取到一个大型分布式数据库，或分布式存储集群中，并且可以在抽取基础上完成数据清洗等一系列预处理工作。也有一些用户在抽取时使用流式计算工具对数据进行流式计算，以此来满足部分业务的实时计算需求。大数据抽取、清洗与清洗过程的主要特点是抽取的数据量大，其每秒钟的抽取数据量可达到百兆数量级，甚至是千兆数量级。

3. 数据约简与集成

数据约简技术是寻找依赖于发现目标数据的有用特征，以缩减数据规模，从而在尽可能保持数据原貌的前提下，最大限度地精简数据量。数据集成技术是将相互关联的分布式异构数据源集成，使用户能够以完全透明的方式进行访问。在这里，集成需要维护数据源整体数据的一致性，提高信息共享利用的效率。透明方式是指用户不必关心如何对异构数据源的访问，只关心用何种方式访问何种数据库即可。

前三步称为预处理过程，通过预处理过程，可以获得高质量的低冗余大数据，进而为分析与挖掘奠定基础。预处理过程涉及的技术与工具环境较多，工作量巨大，一般来说，预处理过程可能占到全过程的 70% 左右的工作量。

4. 数据分析与挖掘

可以利用分布式计算集群来对存储其内的大数据进行分析，以满足大多数常见的分析需求。分析方法主要包括假设检验、显著性检验、差异分析、相关分析、t 检验、方差分析、偏相关分析、距离分析、回归分析、简单回归分析、多元回归分析、逐步回归、回归预测与残差分析、曲线估计、因子分析、聚类分析、主成分分析、因子分析、判别分析、对应分析、多元对应分析等。

数据挖掘完成的是高级数据分析的需求，一般没有预先设定的主题，主要是在现有数据上进行基于各种算法的计算，起到预测的效果。数据挖掘主要进行分类、估计、预测、相关性分组或关联规则、聚类、描述和可视化、复杂数据类型挖掘等工作。比较典型的算法有深度学习算法、SVM 统计学习算法和朴实贝叶斯分类算法。该过程的主要特点是挖掘的算法复杂，并且计算所涉及的数据量和计算量大。

数据挖掘选择主要有两个考虑因素：一是不同的数据有不同的特点，因此需要用与之相关的算法来挖掘；二是用户或实际运行系统的要求，例如，有的用户希望获取描述型的、容易理解的知识，而有的用户只是希望获取预测准确度尽可能高的预测型知识，并不在意获取的知识是否易于理解。

数据挖掘阶段使用模式，经过评估可能存在冗余或无关的模式，这时需要将其删除；也有可能模式不满足用户要求，这时则需要整个发现过程回退到前续阶段，如重新选取数据、采用新的数据变换方法、设定新的参数值，甚至更换算法等。

5. 结果解释

由于知识发现最终是面向人类用户，因此需要对发现的模式进行可视化，或者把结果转换为用户易于理解的表示。也就是说，仅能够分析大数据，但却无法使得用户理解分析的结果，这样的结果价值不大。如果用户无法理解分析，那么就需要决策者对数据分析结果进行解释。解释通常包括检查所提出的假设并对分析过程进行追踪，采用可视化模型展现大数据分析结果，例如利用云计算、标签云、关系图等呈现。知识评估阶段是知识发现的一个重要环节，不仅需要将数据分析系统发现的结果以用户能了解的方式呈现，而且需要进行知识评价，如果没有达到用户的目标，则需要返回前面相应的步骤进行螺旋式处理，以最终获得令人满意的结果。

（二）大数据技术的特征

1. 分析全面的数据而非随机抽样

在大数据出现之前，由于缺乏获取全体样本的手段和可能性，便针对小样本提出了随机抽样的方法，在理论上，越随机抽取样本，越能代表整体样本，但是获取随机样本的代价极高，而且费时较久。出现数据仓库和云计算之后，使获取足够大的样本数据及获取全体数据成为可能且变得更为容易。所有的数据都在数据仓库中，完全不需要以抽样的方式调查这些数据。获取大数据本身并不是目的，能用小数据解决的问题绝不要故意增大数据量。当年开普勒发现行星三大定律、牛顿发现力学三大定律都是基于小数据。从通过小数据获取知识的案例中得到启发，人脑具有强大抽象能力，例如 2~3 岁的小孩看少量图片就能正确区分马与狗、汽车与火车，似乎人类具有与生俱来的知识抽象能力。从少量数据中如何高效抽取概念和知识是值得深入研究的方向。我们至少应明白解决某类问题，多大的数据量是合适的，不要盲目追求超额的数据。数据无处不在，但许多数据是重复的或者是没有价值的。未来的任务主要不是获取越来越多的数据，而是数据的去冗分类、去粗取精，以及从数据中挖掘知识，获得价值。

2. 重视数据的复杂性，弱化精确性

对小数据而言，最基本和最重要的要求就是减少错误、保证质量。由于其收集的数据少，所以必须保证记录下来的数据尽量准确。例如，使用抽样的方法，需要在具体的运算上非常精确，在一个总样本为 1 亿人口随机抽取 1 000 人，如果在 1 000 人中的运算出现错误，那么放大到 1 亿人中将会放大偏差，但在全体样本上，产生多少偏差就为多少偏差，不会被放大。

精确的计算是以时间消耗为代价的。在小数据情况下，追求精确是为了避免放大的偏差；但在样本等于总体大数据的情况，快速获得一个大概的轮廓和发展趋势比严格的精确性重要得多。

大数据的简单算法比小数据更有效，大数据不再期待精确性，也无法实现精确性。

3. 关注数据的相关性，而非因果关系

相关性表明变量 A 与变量 B 有关，或者说变量 A 的变化与变量 B 的变化之间存在一定的比例关系，但在这里的相关性并不一定是因果关系。

亚马逊的推荐算法指出，可以根据消费记录来告诉用户其可能喜欢什么，这些消费记录有可能是别人的，也有可能是该用户历史的，并不能说明喜欢的原因。大数据技术只知道是什么，而不需知道为什么。在大数据背景下，通过相互关系就可以比以前更容易、更快捷、更清楚地进行分析，找到一个现象的关系物。系统相互依赖的是相互关系，而不是因果关系。相互关系可以告诉的是将发生什么，而不是为什么发生，这正是这个系统的价值。大数据的相互关系分析更准确、更快，而且不易受到偏见的影响。建立相互关系分析法的预测是大数据的核心。完成相互关系分析之后，当又不满足仅仅知道为什么时，可以再继续研究因果关系，找出为什么。

4. 学习算法复杂度

一般 $MlgN$、N^2 级的学习算法复杂度可以接受，但面对 PB 级以上的海量数据，$MlgN$、N^2 级的学习算法就难以应付了，因此处理大数据需要更简单的人工智能算法和新的问题求解方法。普遍认为，大数据研究不只是几种方法的集成，应该具有不同于统计学和人工智能的本质内涵。大数据研究是一种交叉科学研究，应体现其交叉学科的特点。

（三）大数据的一些热点技术

大数据来源非常丰富，且数据类型多样，存储和分析挖掘的数据量庞大，对数据展现的要求较高，重视高效性和可用性。

1. 非结构化和半结构化数据处理

如何处理非结构化和半结构化数据是一项重要的研究课题。如果把通过数据挖掘提取粗糙知识的过程称为一次挖掘过程，那么将粗糙知识与被量化后的主观知识，包括具体的经验、常识、本能、情境知识和用户偏好相结合而产生智能知识过程就称为二次挖掘。从一次挖掘到二次挖掘是量到质的飞跃。

由于大数据所具有的半结构化和非结构化特点,基于大数据的数据挖掘所产生的结构化的粗糙知识(潜在模式)也伴有一些新的特征。这些结构化的粗糙知识可以被主观知识加工处理并转化,生成半结构化和非结构化的智能知识。寻求智能知识反映了大数据研究的核心价值。

2. 大数据复杂性与系统建模

大数据复杂性、不确定性特征描述的方法及大数据的系统建模这一问题的突破是实现大数据知识发现的前提和关键。从长远角度来看,依照大数据的个体复杂性和随机性所带来的挑战将促使大数据数学结构的形成,从而加速了大数据统一理论的完备。从近期角度来看,宜发展一种一般性的结构化数据和半结构化、非结构化数据之间的转化原则,以支持大数据的交叉应用。管理科学,尤其是基于最优化的理论将在发展大数据知识发现的一般性方法和规律性中发挥重要的作用。

现实世界中的大数据处理问题复杂多样,难以有一种单一的计算模式能涵盖所有不同的大数据计算需求。我们在研究和实际应用中发现,MapReduce 主要适合于进行大数据离线批处理方式,不适应面向低延迟且具有复杂数据关系和复杂计算的大数据处理;Storm 平台适合于在线流式大数据处理。

3. 大数据异构性与决策异构性影响知识发现

由于大数据本身的复杂性,致使传统的数据挖掘理论和技术已不适应大数据知识发现。在大数据环境下,管理决策面临着两个异构性问题,即数据异构性和决策异构性问题。决策结构的变化要求人们去探讨如何为支持更高层次的决策去做二次挖掘。无论大数据带来了何种数据异构性,大数据中的粗糙知识仍可被看作一次挖掘的范畴。

寻找大数据的科学模式将带来对大数据研究的一般性方法的探究,如果能够找到将非结构化、半结构化数据转化成结构化数据的方法,已知的数据挖掘方法将成为大数据挖掘的工具。

4. 流处理

随着业务流程的复杂化,大数据趋势日益明显,流处理已成为重要的处理技术。应用流处理可以完成实时处理，并能够处理随时发生的数据流的架构。例如，计算一组数据的平均值，可以通过使用传统的方法实现。但对于移动数据平均值的计算，不论是到达、增长还是一个又一个的单元，则需要更高效的算法。如果想要创建的是一个数据流统计集，那么需要对此逐步添加或移除数据块，进行移动平均计算。

5. 并行化

小数据的情形类似于桌面环境，磁盘存储能力在 1～10GB；中数据的数据量在 100GB～1TB；大数据分布式的存储在多台机器上，包含 1TB 到多个 PB 的数据。如果在分布式数据环境中工作，并且需要在很短的时间内处理数据，那么就需要分布式处理。

6. 摘要索引

摘要索引是一个对数据创建预计算摘要以加速查询运行的过程。摘要索引的问题是必须为要执行的查询做好计划。数据飞速增长，对摘要索引的要求永不会停止，不论是基于长期还是短期考虑，都必须对摘要索引的制定有一个确定的策略。

7. 可视化

数据可视化包括科学可视化和信息可视化。可视化工具是实现可视化的重要基础，可视化工具有两大类。

一是探索性可视化描述工具可以帮助决策者和分析师挖掘不同数据之间的联系，这是一种可视化的洞察力。

二是叙事可视化工具可以独特的方式探索数据。例如，如果需要以可视化的方式在一个时间序列中按照地域查看一个企业的销售业绩，常会预先创建可视化格式，然后可使数据按照地域逐月展示，并根据预定义的公式排序。

第二章 人工智能在相关领域的应用

第一节 人工智能在医疗领域的应用

一、人工智能在医院临床医学中的应用

随着科学技术的不断发展,人工智能技术无论在理论方面还是应用方面都取得了突飞猛进的发展,特别是在医疗领域的应用,给我国的医疗体系建设、医疗服务水平以及护理服务质量方面都带来了巨大的推动。人工智能技术是较为前沿的交叉学科,通过计算机中的智能机器来模拟人脑处理相应的问题,将人工智能技术应用到医院的临床医学建设中具有十分重要的现实意义。它不仅可以极大地缓解临床医疗的压力以及工作负担,还能够大幅提升临床护理质量,推动临床医疗的发展,是我国医院临床医学未来的主流发展方向。

(一)人工智能技术应用在医院临床医学研究的重要意义

1. 缓解临床医疗的工作压力

我国是人口大国,随着我国人口逐步进入老龄化阶段,医疗资源逐渐成为社会发展的稀缺资源,当前我国现有医院的医疗服务能力并不能够完全满足我国群众对医疗服务的总体需求,特别是临床医疗的服务需求。将人工智能技术应用在医院临床医学研究当中可以充分释放临床医疗工作者的工作压力,用人工智能代替人工进行一部分的临床医疗服务,在给患者提供更加优质临床医疗服务的同

时，还能够缓解临床医疗和护理的工作负担，进而提升人工医疗服务的质量。

2. 提升临床医学的稳定性和精准性

将人工智能技术广泛应用到医院临床医学当中具备较强的稳定性，在硬件设备和软件设置参数允许的条件范围内，人工智能可以超负荷运转且有效避免手术过程中的操作问题，特别是在遇到突发情况下的手术过程中，人工智能设备能够进行标准化的精准操作，避免人为操作而产生的较大心理压力，进而确保手术的顺利进行，提升临床手术的稳定性。此外，由于人工智能技术的高精准程序性和定位性，使得人工智能在临床外科手术过程中可以应对更加复杂的手术，从而在整个过程中不产生任何偏差而迅速完成手术，大幅度提升了医疗服务质量。

3. 实现临床医疗的高效性

人工智能可以借助 DEA 的评估方法，利用人工智能导航系统的机器人来完成更高质量的手术操作，这在很大程度上提升了医院临床医疗的整体效率。整个手术过程中，在确保手术成功完成的基础上，人工智能可以将患者的手术创面压缩到最小，这有利于术后伤口的愈合，进而提升患者的术后康复质量，全面提升医疗服务水平。

（二）人工智能技术在医院临床医学中的未来应用方向

1. 在外科手术方向的应用

外科手术一直是人工智能技术在医院临床医学应用的主要方向，随着人工智能技术的不断发展和完善，未来人工智能技术在外科手术应用的主要方向为微创心脏手术和骨科手术两个方向。一方面，在人工智能技术的辅助下，医生在进行微创心脏手术时不开胸即可实现手术操作，精准定位患者心脏状况。人工智能可辅助医生开展心脏成型、二尖瓣置换、心房隔缺损修补等高难度手术，患者术后具有伤口小、恢复快的优势，应用效果极其显著；另一方面，人工智能技术可以帮助医生提升患者手术的质量，人工智能技术既可以自动采集患者骨头的损伤信息，呈现动态图像，还可以通过人工智能模拟来实现对患者伤骨的矫正或牵引，最大限度降低对患者骨头的二次伤害，减少患者手术时的疼痛感。

2. 在医疗康复方向的应用

人工智能技术可以针对患者术后相关信息，借助各类辅助系统来为患者制定最佳的康复疗程，缩短患者康复周期，降低患者康复痛苦。此外，人工智能技术还能够实现患者机体指标远程检测、远程康复训练等，提升临床医疗对患者康复的监测和服务。

3. 在临床护理方向的应用

首先，人工智能技术可以通过医疗大数据来识别需进行临床护理患者的健康问题，发现患者容易产生疾病的风险，借助辅助护理设备提升患者的自我管理能力；其次，人工智能技术可以参与临床患者的护理治疗，主要体现在核查病人信息、智能配置静脉输液药物、健康护理音视频宣讲等，还可以进行远程临床护理监测，大幅提升临床护士工作效率，提升临床护理质量；最后，人工智能技术可以辅助临床病人的日常生活，智能化调节温度、湿度、亮度等病人的生活环境，辅助病人进行沐浴更衣、进食、运转以及传递物品等工作，大幅降低护理人员工作量的同时，还提升了患者的服务质量，避免了患者因怕麻烦护士而产生的焦虑感。

人工智能技术在医院临床医学中的应用范围较为广泛，且对提升医院医疗服务水平以及临床护理服务质量具有十分重要的现实意义。医院临床医学要对人工智能技术引起足够的重视，结合医院实际情况，将临床医学与人工智能技术进行深度融合，全面开展临床医学人工智能技术的应用研究，全面提升医院临床医学的服务质量，进而为广大群众提供更高质量、更加便捷的医疗服务。

二、人工智能在医院管理中的应用

人工智能在提升医院管理水平、优化患者就医体验，以及提升医院经营效益等方面发挥了显著作用。线上预约挂号、医疗耗材分类管理、电子病案管理等方面，均应用了人工智能技术。在人工智能技术日益成熟的背景下，医院管理人员既要转变管理思维，以开放、包容的心态主动接受人工智能技术，同时也要不断提高自身管理水平，发挥人工智能技术的应用优势。探究人工智能与医院管理深度融合的可行性策略，已成为现阶段医院管理人员的一项重要任务。

（一）人工智能应用对医院管理"五要素"带来的影响

1. 人工智能对"人"的影响

医院管理中应用人工智能技术，给医护人员和患者带来了最为直接的影响。具体表现为以下几方面：首先，穿戴智能设备后，可以自动监测患者的身体状况，一旦患者有血压过高、心动过速等情况，会及时提醒患者或者是通过无线通信的方式向监护、医护人员发出警报，使患者得到及时救治。其次，在人工智能技术的支持下，医院自助服务终端得到推广使用，很多就医服务都可以在自助终端上办理完成，这极大地减轻了医务人员的工作压力，让问诊更加高效。另外，人工智能的应用还能为患者提供更加便捷的诊疗服务。除了线上预约挂号、查看电子病历等基础性服务外，目前的人工智能还可以联合大数据技术，获取并分析患者电子病历上的信息，然后精准地向患者推送保健知识，甚至发送用药提醒，为患者提供更便捷和实用的服务。同时，人工智能的应用也需要医院管理者加紧学习相关知识，树立互联网思维，灵活运用大数据、人工智能等技术，这样才能更好地发挥医院管理中人工智能的应用优势。

2. 人工智能对"机"的影响

以往医院使用的各类医用设备功能比较单一，相互之间也难以配合，经常会出现医疗器械种类多样但利用率不高的情况，造成了医疗资源的浪费。人工智能具有深度学习、跨界融合的功能，不仅可以实现人机协同，还能做到物物互联。医院设备管理中应用人工智能技术，可以将两台甚至是多台医疗器械联合起来，不仅提高了医疗器械的利用效率，而且为患者的诊疗和救治也提供了更多的便利。例如，基于人工智能技术的呼吸机，在患者使用过程中可以自动辨识出不同类型的人机不同步情况，然后将这一情况及时报告给值班护士，并及时处理这一问题，避免医疗事故的发生。基于人工智能技术的自动流体管理系统，则可以根据患者血容量的变化灵活调节输液流量，对减轻患者不适感和提高治疗效果也有积极帮助。另外，还可以使用人工智能技术实现对医疗设备运行工况的自动监测，及时发现医疗设备的异常状况，为设备管理人员开展检修作业提供了指导。

3. 人工智能对"料"的影响

在医院的日常支出中，医疗药品和耗材占据了较大比例。医院在强化成本管理中，必须要加强对物料领用的严格管控，杜绝浪费、节约成本。人工智能的应用可以实现医疗用品与耗材管理的精细化、透明化。以药房药品领用为例，每一份药品都需要进行入库登记，同时药品领用也需要扫码登记。系统每天智能核对药品的出入库信息，如果发现库存信息和记录信息不符合则自动提示。在人工智能技术的帮助下，不仅从源头上杜绝了药品浪费问题，而且切实维护了医院方面的经济利益。另外，在一些科研实力较强的大型医院，人工智能技术还被应用于药物及医用材料的研发领域，在缩短药物研发周期、提高药物治疗效果等方面也有技术价值。

4. 人工智能对"法"的影响

人工智能与医院管理和医疗健康服务的融合发展是大势所趋，而随着融合程度的进一步加深，医院管理制度也必须围绕人工智能的应用进行适应性的改革和完善，如人工智能、大数据等技术在医院管理中的应用，让医疗数据的资源化属性更加明显。在加快医疗数据开放共享的过程中，医院方面需要尽快制定医疗数据安全保密制度，切实保障数据信息安全，防止患者隐私或其他重要数据的泄露。另外，近几年随着人工智能技术的不断成熟，越来越多的医院开通了线上问诊系统，不仅为患者提供了便利，还在一定程度上解决了"看病难"的问题。在这一背景下，医院方面也需要建立起相应的监管制度，对线上问诊流程进行动态监管，从而避免医患纠纷。

5. 人工智能对"环"的影响

人工智能的应用可以改善就医环境，让患者住得更加舒心。通过打造智能病房，在人工智能、物联网等技术的综合管理下，可以根据外界环境变化实现对病房内温度、湿度、光照强度的自动调节。利用病房内的温度、湿度传感器，可以实时感知病房当前的环境温度、湿度，然后由计算机人工智能发送调节指令，使病房温度、湿度始终维持在最适宜的水平，让住院患者感到舒适，对提高就医体验和加快病情恢复也有积极帮助。另外，一些智能病房还支持语音控制，对于不方便下床移动的患者，可以通过口令实现对病房内温度、灯光亮度的调节。当然，人工智能除了在病房管理方面有应用价值，在辅助临床用药、管控医保费用、保障医疗安全等方面也发挥了应用优势，对改善医院整体管理环境也是大有裨益的。

（二）医院管理中人工智能应用现状

1. 传统管理思维制约了人工智能的应用

将人工智能、互联网、大数据等现代前沿信息技术应用到医院管理中，是医疗改革的重要组成，也是加快推进"智慧医疗"进程的根本举措。人工智能的应用必然会引起医院管理模式、管理制度的变革，管理人员的思维观念也需要与时俱进，才能正确看待人工智能技术应用下医院管理的进步。目前来看，仍然有一部分管理人员存在传统管理思维，过度依赖"人"的管理，而对人工智能等技术管理心存疑虑，如在医院档案管理中，还是习惯于人工收集、录入档案。在医疗器材、医疗用品管理中，也是手动清点和登记器材、用品。这种根深蒂固的传统管理思维，也会制约人工智能技术在医院管理中的推广应用。

2. 对智能设备的操作与管理不够熟练

现阶段，人工智能技术主要以信息管理系统的形式在医院各个部门得到应用。例如电子病历管理、档案管理、收费管理等系统，在人工智能的帮助下基本可以实现各项业务的自助办理，这既减轻了医院管理人员的压力，同时又能提高患者就医的办理效率。但在具体工作开展中，仍然需要管理人员熟练操作智能设备和信息管理系统。从调查情况来看，许多年轻的管理人员对信息技术的接受程度较高，经过简单的培训后可以做到熟练操作。而一些年龄较大的工作人员，对于各类智能设备或者信息管理系统不能做到熟练操作。以电子病历管理信息系统为例，部分年龄较大的医师对该软件的功能缺乏了解，操作不够熟练，难以体现出人工智能的应用优势。

3. 数据资源未能实现整合与共享

人工智能、互联网以及大数据等技术在医院管理中的应用，不仅显著提高了管理效率，也进一步凸显了数据资源的重要价值。如基于人工智能技术构建的医院电子病案管理系统，可以智能识别并收集纸质病历上的姓名、年龄、病案号、住院次数等信息，这些信息能够为主治医师了解患者的既往病史、判断患者病情提供帮助。但是从医院管理的实际情况来看，虽然人工智能已经在各个部门、科室得到了广泛运用，但是数据资源的整合、共享程度并不高，特别是不同部门、科室之间存在明显的信息壁垒，这直接导致数据信息呈现出明显的"碎片化"特征。在这种情况下，数据资源的利用价值将会大打折扣，间接地影响了医院管理水平的提升。

（三）人工智能在医院管理中的优化应用策略

医院信息基础设施的不断完善，为人工智能在医院管理中的融合应用创造了有利条件。与此同时，人工智能的深度应用也必然会对管理人员的工作模式和思维观念，以及医疗设备的管理和医疗数据的使用等方面产生深远的影响。在这一背景下，探究人工智能在医院管理中的优化应用策略既有必要性，也有紧迫性。

1. 转变管理思维，积极推广应用人工智能管理模式

现阶段人工智能已经在各行各业中得到广泛应用，医院管理中应用人工智能技术也是大势所趋。为更好发挥人工智能的应用价值，医疗系统要求医院管理人员必须转变传统思维，认真学习各种智能设备、信息系统的使用方法。医院方面可以采取"先试点，后推广"的方法，选择某个部门、科室引入人工智能技术，在取得良好的试点成效后再进行推广。如在医疗器械、医疗用品的管理中，以人工智能技术为核心构建了智能管理系统，有效解决了个别医疗器械、医疗用品长期闲置的问题，提高了设备资源的利用率，间接降低了医院的运营成本。同时，使用医疗设备智能管理系统，还可以准确记录每一台医疗设备的使用情况，在此基础上制订相应的维护计划，对降低设备运行损耗也有一定帮助。在充分认识到人工智能在医疗设备管理方面的应用优势后，再将人工智能应用到医院的其他部门、科室。这样一来，管理人员就会转变对人工智能的认识，以积极的态度推广人工智能管理模式，从而由点到面地提升医院的智能管理水平。

2. 重视管理培训，提高对智能设备的应用和维护水平

在"智慧医疗"背景下，人工智能与医院管理的融合程度将会进一步加深，医院各类设备的自动化、智能化程度也会相应提升。在医院管理中，医护人员不仅要熟练掌握各类医疗设备的操作技巧，同时还要做好精密仪器的管理，尤其是设备的日常维护工作必须做到位，这对于延长医疗设备的使用寿命，以及提高医疗检测精度都有积极帮助。因此，在医院管理中要针对智能设备开展专门的培训，避免因为医护人员的不规范操作而影响人工智能设备的正常使用。如医院通过整合互联网、人工智能等技术推出了线上问诊业务，为医患双方都提供了方便。但是需要开展培训，特别是让那些年龄较大的医生也能熟练操作线上问诊系统，从而发挥人工智能技术优势，让医生通过互联网与患者沟通。另外，融合了人工智能技术的医疗设备，往往具有结构精密、造价昂贵的特点，因此日常维护与定期检修也是医院管理工作的重要内容。医院管理人员应当借助于智能检测设备对医疗器械的运行工况进行自动检测，保证医疗设备运行中存在的潜在质量问题可以被及时发现。在利用人工智能促进医院管理创新与升级的过程中，要始终重视管理人员的能动作用，这也是彰显人工智能应用价值的必要前提。

3. 强化共享意识，做好数据信息的保护与利用工作

随着医院管理中智能化设备数量与种类的增加，日常工作中会产生海量的数据信息。树立共享意识，筛选、整合、利用数据资源，能够进一步提升医院管理水平。因此，要依托人工智能技术打破医院不同部门、科室之间的信息壁垒，让数据信息可以得到无障碍的流通、传递，在此基础上提高数据信息的利用率。当然，随着信息利用价值的提升，防止数据泄露、做好信息保护就显得尤为必要。医院管理人员也要发挥人工智能技术的应用价值，切实提高对重要信息的安全保护水平。如采用"人工智能＋防火墙"安全管理系统，对于所有访问医疗信息系统的人员进行权限认证，如果具备相应的权限，可以正常获取相关信息。反之，如果不具备权限，不仅会中断访问进程，而且还能智能追踪访问者的 IP 地址，这对于及时追责，避免数据泄露损失也有积极帮助。另外，医院还可以利用区块链去中心化的特性，实现对医院重要信息、核心数据的加密管理。通过防止数据被篡改，进一步提高数据信息的利用价值，为医院管理工作开展提供有力支持。医院还可以围绕人工智能构建大数据库，并采用人工智能领域的数字签名认证、加密解密等技术保障医疗数据存储安全，为医疗数据的调用以及提高医疗数据的价值创造良好环境。

医院管理中引进人工智能技术，将实现管理主体从以人为主向以技术为主的转变，不仅大大减轻了医院管理人员的工作压力，提高了管理效率，还能实现医院各类资源的深度整合与高效利用，对医院的运营与发展也会产生积极影响。当然，将人工智能与医院管理有机融合是一个循序渐进的过程，除了要加强医院信息基础设施建设，为人工智能应用创造必要条件外，最关键的还是要求管理人员转变思维，真正意识到人工智能在辅助医院管理方面的应用价值。在此基础上，通过开展专项培训提高医院管理人员应用人工智能技术的水平，以及树立信息共享意识和做好数据安全保护工作。唯有如此，才能发挥人工智能技术的推动力，促进医院管理向智慧化、高效化、科学化方向发展。

三、人工智能在医院人事档案管理中的应用

（一）医院人事档案管理中人工智能技术应用分析

1. 做好新旧人事档案电子化工作

由于人事档案管理的时间跨度较长，大部分医院还存在着许多纸质人事档案。纸质人事档案占地面积大，难以保管和检索具体内容，且对档案信息的更新难度大，将纸质人事档案进行电子化是医院建设信息化人事档案管理的一项基础工作。在人工智能技术尚未成熟时，纸质档案电子化工作通常是依靠医院档案管理人员手动将纸质信息输入计算机中。这样的转换方式不仅效率低下、容易产生信息上的错误，且对于如图片、照片等非文字化信息难以进行转化。即使将纸质文档进行扫描，也仅能将其作为图片保存，无法编辑文档中的内容，不利于档案内容的更新。而伴随着人工智能技术的发展，OCR（optical character recognition）文字识别技术逐渐被应用于人事档案电子化工作中。通过 OCR 技术，医院档案管理人员能直接将纸质文档通过扫描仪器转变成可编辑的电子文档，且支持同步保存非文字类的信息，这能极大提高人事档案电子化的工作效率。除将老员工的纸质档案电子化外，医院还可利用人工智能技术直接建立新员工的人事信息电子档案。在人工智能管理下，系统会为每一个新入职的员工匹配一个职工工号，作

为其在医院工作中的身份标识。而工号信息与具体的人事档案内容同步，可直接查找员工的照片、身份证、出生年月日、民族、籍贯、政治身份、工作经历等主要信息，避免了档案管理员需要手动录入新员工档案的情况，这也大大降低了档案管理人力成本。基于此，在医院人事档案信息化管理建设中，应积极应用人工智能技术完成人事档案电子化工作，做好档案管理的初始化功能，为档案管理提供数据支持。

2. 优化人事管理信息检索与智慧决策

相比较传统的人事档案管理模式，人工智能技术拥有强大的数据检索功能，能帮助档案管理人员快速通过关键字去检索医院中符合要求的人事信息，并且支持数据的批量下载、统计与分析。档案管理人员还可通过在系统中提前预设统计格式和统计关键词，将人事管理数据直接从系统中导出，并按照要求进行数据分析，生成符合要求的图表，这有效降低了档案管理人员进行数据处理的工作量。人工智能技术还具有用户感知的功能，当使用者重复检索条件相似的信息时，人工智能在后续检索中会自动为用户优先展示符合条件的信息。例如，档案管理人员在检索医院中离退休人员的人事资料时，当其重复在搜索框中键入几次"离退休人员"后，人工智能会自动在主页面上向管理人员展示有关离退休人员的相关资料，提高了管理人员的工作效率。

人工智能技术除了为人事档案信息提供快速检索功能外，还能通过大数据对信息进行分析，为档案管理人员提供智慧决策支持。通过大数据智能算法，人工智能技术能深度挖掘医院人事档案内容，来分析医院当下的人事结构。例如，人工智能技术能通过医院人事档案中工作人员的出生年月、学历专业、职称评定等资料，分析出当前医院中工作人员的平均年龄和平均工龄、学历职称分布情况，以此来具体判断大到医院整体，小至医院某科室的人才储备情况，为医务人员的任免和培养提供决策支持。人工智能还可根据人事档案的历史数据和医院过往人事变化趋势来预测医院未来人事建设工作方向和人才需求缺口，并对医院人事管理中可能出现的人员超编、结构失衡等情况做出提醒。

3. 完善人事档案价值评定与人员考核功能

审查档案信息的真实性与准确性是医院人事案管理的重要内容之一，影响着医院工作人员的转正定级、职称申报，以及养老办理等多项事务的开展。依靠人工对人事档案进行审查，不仅增加了档案管理人员的工作压力，而且对于一些涉及专业的审核，档案管理人员往往难以独自处理，需通过第三方审核机构才能完成审核工作，提升了档案信息审核的成本。人工智能技术拥有模拟人类思维的能力，在算法、算力和数据的支持下，其能通过推理、分析和记忆功能代替人类对信息进行处理。因此，通过为人工智能系统录入专家评定数据库，并设定专门的评定标准，将其编写成算法植入人工智能中，人工智能就拥有了代替人类进行档案价值评定的可能性。接着，通过模拟测试训练，对测试结果予以反馈，人工智能便能习得档案价值评定的能力，能直接对数据库中工作人员的人事档案内容进行评估，有效提升了医院人事档案管理的工作效率。

另外，人工智能技术还能为医院人事管理中人员考核工作提供支持。通过人事档案管理数据库，评审专家能查阅到工作人员的工龄、职称、工作情况、工作表现、获奖情况等，为员工考核提供数据支持。此外，医院还可运用人工智能技术，设定更人性化、更合理的考评标准。如在医生职称评审上，医院可联动人事档案数据库与其他部门数据库，在人事档案中查阅各候选人的门诊挂号数据与满意度、病房工作时长、手术数量等数据作为职称的评审参考，使职称评审标准更客观。

4. 提升人事档案的共享性和安全性

为提高人事档案的利用率，医院应加强人事档案系统前后台的联系，在人工智能技术的支持下打通与医院各部门数据库的传输渠道，提升信息之间的共享性。例如，当医院工作人员想要开具相关的人事资料证明时，可通过医院OA系统进行线上申请。在数据互通下，档案管理人员能快速在档案管理系统中收到申请，在审核通过申请后，系统会直接按照模板生成资料证明，并将其发送到工作人员的OA信箱中。在数据共享模式下，能有效简化人事档案管理流程，避免线下烦琐的手续，这既降低了档案管理人员的工作量，又为工作人员提供了便利。

此外，人工智能技术还能有效提高医院人事档案管理的安全性。首先，人工智能技术能有效抵御外界病毒对人事档案数据库的攻击。通过为数据库安装智能入侵检测系统，能自动识别访问数据库的人员，并将具有潜在安全威胁的访问者拦截在墙外，防止病毒入侵；其次，人工智能技术拥有生物特征识别方式，能识别使用者的虹膜、面部、声音和指纹等信息，保障医院人事档案管理数据库在使用过程中的安全性；最后，人工智能技术能使人事档案管理的监控功能更完善。通过配备监控摄像头、报警器等终端设备，系统能实时对医院档案管理室进行监控。一旦通过摄像判定档案室中出现非法入侵情况，系统就会第一时间向负责人发出警告信号，以确保医院档案管理的安全性。

（二）构建医院人事档案人工智能管理保障体系

1. 转变人事档案管理工作理念

受传统的管理理念影响，目前我国许多医院的档案管理仍以纸质管理为主，没有重视人事档案信息化建设工作。若想在医院人事档案管理中应用人工智能技术，医院应转变人事档案管理"重纸质管理，轻电子化管理"的工作理念，有意识地推进人工智能技术的建设。首先，医院要大力宣传人工智能技术在人事档案管理中的优势，让医院各部门、各工作人员加深对人工智能技术的理解，配合医院一起改革人事档案管理工作方式；其次，医院要转变档案管理人员的工作思想。目前，部分医院即使配备了人工智能技术，但由于一些管理人员仍习惯于传统的管理方式，没有很好将人工智能技术应用于人事档案管理工作中。因此，医院应做好档案管理人员的思想工作，让他们积极接纳新技术，运用新方法，提高医院人事档案管理的工作效率；最后，医院要结合人工智能技术提高对人事档案数据的利用率，将人事档案管理与工作人员的日常工作、考评相结合，完善绩效考评、职称考评等流程，使医院人事档案在人工智能技术的支持下真正"活"起来。

2. 加强人事档案管理队伍建设

人工智能技术是计算机技术的一个分支，使用者必须具备一定的专业知识与职业素养。因此，医院必须加强对人事档案管理队伍的建设，提高相关人员的信息化工作水平和计算机综合能力，保障档案管理人员在工作中能顺利使用人工智能技术。一方面，医院要开展档案管理人员计算机技术与服务意识的培训，邀请人工智能管理技术的开发人员到医院进行指导，通过专项培训让工作人员充分了解人工智能技术的使用方式,并结合实操训练来保障他们能将培训所学的知识顺利应用到工作中去。当人工智能技术更新后,医院必须确保工作人员及时了解新功能的使用方式。另一方面,医院要加强引进人事档案信息化管理人才。医院若想将人工智能技术与人事档案管理在日常工作中有机融合,离不开专业人才的支持。因此,医院必须通过设置具有吸引力的激励制度,让技术水平高超的计算机人才加入人事档案管理和建设队伍中,使人工智能技术能发挥最大的作用。

3. 加大人事档案管理设施投入

人工智能技术的使用离不开计算机设备和其他硬件设施,医院应加大对人工智能技术的投入,在软件及硬件上保障人事档案管理信息化建设的顺利进行。在资金的规划使用上,医院必须提前做好预算,明确档案管理工作各项资金的使用,并预留充足的资金投入人工智能技术的建设中,通过购买符合技术要求的计算机设备、监控设备和扫描设备等来搭建人工智能管理平台。在资金监管上,医院要加强对档案管理资金使用的控制,确保每一笔资金的使用都能追本溯源,及时对资金的投入效果做好考核与评估,保障所购买的硬件设施设备符合质量要求。此外,医院还应重视对人事电子档案的安全维护工作,定期投入资金对软硬件设备进行安全检查和系统升级,对人事资料进行备份,确保人事电子案使用与储存的安全性,防止医院人事档案因为意外情况而导致数据丢失,从而影响人事管理工作的开展。

4. 完善人事档案管理制度建设

医院人事档案管理工作的规范化开展,离不开管理制度的支持。因此,医院必须重视人事档案管理制度建设工作,结合人工智能应用的特点,来完善现有的管理制度。首先,医院应规范人事档案信息管理流程。依托于人工智能技术来明确规定档案的录入、审核、储存和调出的流程,提高人事档案信息的保密性,加强工作人员信息化管理意识;其次,医院应规范人事档案信息使用流程。对于部分需要查阅、借出人事档案的情况,可通过人工智能技术加强对人员的审核,确保人事档案的使用符合相关的规定;最后,医院要落实人事档案管理人员的责任制度。通过人工智能面部识别和生物识别的功能,医院可完善档案管理工作交接流程,并通过精细化管理将责任落实到每一位管理人员身上,确保人员在人事档案管理工作中遵守相应的规章制度。在管理出现问题时，医院也可通过人工智能技术来进行追责，使人事档案管理有据可循。

人工智能技术的发展为人们的生活与工作带来了极大的变化。在新形势下，医院应深化对人工智能技术的认识，转变传统的人事档案管理理念，推动人事档案信息化管理建设工作。在人工智能技术的支持下，建设好人事档案电子数据库，学会使用人事档案数据进行管理决策，通过人事档案系统对工作人员进行考评，提升人事档案数据的共享性与安全性。此外，医院还需加强对人工智能管理保障体系的建设，确保人工智能技术在医院人事档案管理中能够发挥最大价值。

四、人工智能技术在药物研发领域的应用

（一）人工智能在药物研发应用的主要医学领域

从全球的情况来看，作为全球当下最热门的科技话题之一，随着大数据、云计算及计算机深度学习等多个方面取得突破，人工智能在药物研发领域的应用已然是一个前景广阔的新兴领域。

目前人工智能帮助药物研发主要应用在三大医学领域：抗肿瘤药、心血管药及罕见药与经济欠发达地区常见传染病药。抗肿瘤药和心血管药的共同特点就是市场规模大、增速快。利用人工智能对药物进行挖掘，可以显著降低成本和开发难度。至于罕见药与经济欠发达地区常见传染病防治药，因为市场价值低，药企的收益不足以覆盖其研发成本，企业积极性不高。利用人工智能则可以节约成本，为罕见病患者和经济欠发达地区的传染病患者提供药物。

（二）人工智能在药物研发领域的主要应用

在医药领域，最早利用计算机技术和人工智能，并且进展较大的就是在药物挖掘上，如研发新药、老药新用、药物筛选、预测药物副作用、药物跟踪研究等，均起到了积极作用。这实际上已经产生了一门新学科，即药物临床研究的计算机仿真。而实际上，人工智能及机器学习可以应用在药物开发的不同环节，包

括从新药筛选到临床试验的整个过程中的每个阶段。

1. 新药筛选

在新药筛选时，人工智能可以帮助获得安全性较高的几种备选物。当很多种甚至成千上万种化合物都对某种疾病显示出某种疗效，但又对它们的安全性难以判断时，便可以利用人工智能所具有的策略网络和评价网络及蒙特卡洛树搜索算法，来挑选最具安全性的化合物，作为新药的最佳备选者。

2. 新药副作用筛选

对于尚未进入动物实验和人体试验阶段的新药，也可以利用人工智能来检测其安全性。因为每种药物作用的靶向蛋白和受体并不专一，如果作用于非靶向受体和蛋白就会引起副作用。人工智能可以通过对既有的近千种已知药物的副作用进行筛选搜索，以判定其是否会有副作用，或副作用的大与小，由此选择那些产生副作用概率最小和实际产生副作用危害最小的药物进入动物实验和人体试验，从而大大增加成功的概率，节约时间和成本。

另外，对于未知副作用的情况，利用人工智能可以从海量 EMR 数据中识别药物的不良反应和相互作用，以此来弥补因为样本局限在临床试验中未能发现的药物治疗问题，最终目标是使得药厂研制出疗效更好的药，医生开出更安全合理的药方。

3. 新药临床试验效果预测

利用人工智能还能模拟和检测药物进入体内后的吸收、分布、代谢和排泄，以及给药剂量—浓度—效应之间的关系等，让药物研发进入快车道。

医药公司在新药物的研发阶段，通过基于药物临床试验阶段之前的数据集以及早期临床阶段的数据集进行建模分析，尽可能及时地预测临床结果，确定最有效的投入产出比，配备最佳资源组合，从而降低研发成本，生产出更有针对性和高回报性的药物。此外，原来普通新药从研发到推向市场的时间大约为 13 年，使用预测模型可以帮助医药企业提早 3~5 年将新药推向市场。

4. 临床试验患者招募

在药物研发进入临床试验伊始，科研工作者就需要招募临床试验患者。利用人工智能可以挖掘招募患者的医疗数据，评估招募患者是否符合试验条件，从而加快临床试验进程，提出更有效的临床试验设计建议，并能找出最合适的临床试验基地。

5. 药品适应证和副作用分析

在进入临床试验阶段后，人工智能可以实时或者近乎实时地收集临床试验患者的不良反应报告，分析临床试验数据和患者记录，确定药品更多的适应证、发现药品副作用，从而对药物进行重新定位，或者实现针对其他适应证的营销。

第二节 人工智能在卫生领域的其他应用

一、人工智能在分级诊疗和精确转诊中的应用

所谓分级诊疗，就是要按照疾病的轻、重、缓、急及治疗的难易程度进行分级，不同级别的医疗机构承担不同疾病的治疗，实现基层首诊和双向转诊。

建立分级诊疗制度是合理配置医疗资源、促进基本医疗卫生服务均等化的重要举措，是深化医药卫生体制改革、建立有中国特色的基本医疗卫生制度的重要内容，对于促进医药卫生事业长远健康发展、提高人民健康水平、保障和改善民生具有重要意义。

（一）分级诊疗取得的成效

建立起覆盖城乡的医疗卫生体系。目前，我国已经在农村建立起以县级医院为龙头、乡镇卫生院和村卫生室为基础的农村三级医疗卫生服务网络；在城市建立起各级各类医院与社区卫生服务机构分工协作的新型城市医疗卫生服务体系。

分工协作机制初步形成。通过规范双向转诊机制，医疗机构实施上下联动和分工协作，让患者在就近的社区得到更为便捷和规范的诊疗；发挥社区卫生服务机构诊治常见病、多发病、慢性病的能力，使康复期患者回到社区进行后续治

疗，同时使二级、三级医院能腾出更多卫生资源和精力用于疑难重症患者的抢救和医疗队伍的培训、学科建设。

群众就医负担有效降低。通过医保政策引导，群众小病就近就能获得便捷、低廉的基本医疗服务，大病则顺利转到上级医院，从而降低就医成本。目前，社区卫生服务机构门诊和住院的均次费用比三级医院低50%以上。

（二）人工智能在分级诊疗中的作用

1. 服务于基层的智能辅助诊疗系统

医疗行业资源严重不足，人工智能在提高诊疗效率、降低治疗成本等方面的优势使其应用价值被业界一致看好。智能辅助诊断系统的底层技术模块一般包括以下几个部分：

（1）医疗知识图谱

该系统可将从医学书籍、医学文献、病历数据中得到的医学知识，以知识图谱的形式组织起来，用来支撑医学诊断过程。

（2）医疗推理引擎

该系统可利用深度学习加贝叶斯推理网络的混合网络，依据知识图谱中的医学逻辑，实现从症状到疾病的诊断推理，并可以给出诊断逻辑及依据解释。

（3）问诊对话引擎

当涉及人机交互的场景，该系统就可以利用自然语言理解和多轮深度问答技术，将人们所说的口语化症状描述内容转换成医学标准用语，同时识别出来用户的问诊意图，从而实现人机对话的无缝对接。

上述智能诊断辅助系统的一般分析步骤是：首先，诊断引擎在收到请求后，会进行医疗信息提取，然后根据患者具体症状描述，调整疾病的先验概率，对诊断结果进行概率分布，解决诊断逻辑复杂、用户表达多样的技术难点。其次，基于知识图谱技术与"大数据基因"优势，将疾病与症状、药物、检测、手术多维联系起来，一方面能确保准确理解患者表述，另一方面可拓展用户数据，连接大众健康。

目前，智能辅助诊断系统解决方案可充当家庭医疗顾问、医生诊疗助手、医学知识库三大医疗角色，其中家庭医疗顾问，为用户提供智能轻问诊、诊疗服务个性化推荐、个性化体检咨询与智能推荐等服务。医生诊疗助手可以在医生诊疗过程中对医生进行信息推荐及罕见病提示，防止医生漏诊、误诊，也可以帮助医生采集并整理患者信息，以及向患者解释诊疗信息。医学知识库则是为教育和培训场景服务，方便医学学生或年轻医生更加快速地获得准确的医学知识。

智能辅助诊断系统以辅助工具的形式进入基层医疗机构，辅助基层医师来提高他们的诊断水平，并降低漏诊、误诊率。当人工智能技术帮助基层医疗机构提高了诊疗水平之后，患者才能信任基层医生。

2. 服务于医联体的智能云服务

分级诊疗的实现，离不开医联体与智能云服务，二者是相辅相成的关系。医联体的建立和日常运营在云端进行，而智能云需要医联体（具体而言是各等级医院的医生）集中于云端，才能实现分级诊疗。

目前促进实现分级诊疗的单位，从服务医联体的角度来讲，均以搭建云平台为方式实现远程门诊及双向转诊、区域影像诊断远程托管与会诊、影像高速三维后处理重建等多种功能。

医疗智能云服务系统一般使用如下技术来提供远程服务。

（1）云计算技术

供可用的、便捷的、按需的网络访问，进入可配置的计算资源共享池（资源包括网络、服务器、存储、应用软件、服务），这些资源能够被快速提供，只需要投入很少的管理工作。这一平台通常需要提供如下技术：编程模式、海量数据分布存储技术、海量数据管理技术、虚拟化技术、平台管理技术等。

（2）远程通信技术

医疗智能云系统中传送的医学信息主要有数据、文字、视频、音频和图像等形式。其中数据和文字信息的数据量小，对通信要求不高。视频和音频信号数据量较大，在远程实时会诊中通常需要同时传送视频和音频信号，还经常需要用到一些医学影像信息，如X线胸片、CT图像等静止图像和运动图像，这些都需要传输速度较快、较稳定的通信网络。

（3）诊疗和临床检测工程技术

这些检测工程技术包括：心电图、血压、血氧等生理和电生理参数的检测技术，B超、CT等医学成像技术，血液、尿液、体液的各种生化含量指标的检测技术。由于远程医疗的特点是患者在异地，有些面对面就诊时可以获取的信息可能无法获取或无法直接获取（如触摸等）。其面临的问题就是怎样将这些信息进行数字化，并联网传输，这就对传统的医疗设备提出了新的要求。

医疗智能云系统的服务方式又分为实时（在线）方式和非实时（离线）方式两种。实时方式是指在条件允许或紧急情况时使用，可以使患者获得及时的救助，但花费较高，操作难度较大；非实时方式是指将基层医疗服务需求方的资料随时传送给服务提供方，等待其处理。位于大医院的专家可依据用户提供的资料做出相应的诊断。非实时方式在医疗咨询、培训、教育等应用场所也经常被用到。这种方式可大大减少对网络系统带宽的要求。

二、人工智能影像诊断技术在基层医院中的应用

医学影像诊断是指影像医生通过非侵入性的操作获取机体组织内部结构图像，并对疾病做出定量和/或定性诊断的一种方式。随着机器学习和深度学习等算法在医学领域的应用和发展，研究人员将人工智能技术应用于医学影像诊断中，实现了医学影像自动分析及辅助医生做智能诊断，从而提高了诊断速度和诊断准确性。通过人工智能技术在医学影像诊断中的应用，可将"专家下沉"转化为"技术下沉"，以解决基层医院的医学诊断问题。

（一）人工智能医学影像诊断技术的基本原理

随着图像处理的应用与发展，出现了计算机辅助诊断（computer aided diagnosis, CAD）。CAD将计算机分析与医学影像的技术手段结合起来，辅助进行诊断，提高了诊断准确度和工作效率。深度学习是一种机器学习方法，它源自人们对神经网络的研究，其包括卷积神经网络、深度置信网络、自编码神经网络三种形式。基于深度学习，使人工智能更接近人类的思考模式，并能达到自学、记忆、预测等功能。医学影像大数据是人工智能技术在医学影像中应用的基础，海

量影像数据为人工智能在医学影像中的发展创造了良好条件。医学影像大数据处理分析大规模、多种类、高价值、高运转及真实性的影像学数据，进而从中提取规律信息。人工智能技术通过计算机模拟人的思维和智能进行深度学习，可从海量的数据资源中发现数据规律，进而将数据模型智能化。

（二）人工智能技术在医学影像诊断中的未来发展趋势

人工智能技术可以利用深度学习和计算机视觉算法对医学影像进行快速、准确的分析和诊断，大大提高了医生的工作效率和诊断准确率，同时也降低了医疗成本。

随着深度学习技术的不断进步，人工智能算法的精度将会更高，诊断结果将更加准确。目前的人工智能算法已经可以在医学影像上进行复杂的图像分析和诊断，但是在一些细节上还存在误诊的情况。未来，随着深度学习技术的进一步提升，人工智能算法的精度将会更高，诊断结果将更加准确。

未来的医学影像诊断将更加个性化。人工智能技术可以对每个患者的影像数据进行分析，并根据患者的个体差异提供更为准确的诊断和治疗方案。比如，根据患者的基因组数据和影像数据，人工智能技术可以预测患者患某种疾病的风险，或者提供个性化的药物治疗方案。

随着 5G 技术的普及，人工智能技术在医学影像诊断中的应用也将更加广泛。5G 技术可以实现更加快速、稳定的数据传输，将医学影像数据从患者现场传输至远程医生手中，大大提高了医疗服务的效率和质量。

未来人工智能技术在医学影像诊断领域还将会应用于医学研究和教育。人工智能技术可以利用大量的医学影像数据进行分析和研究，为医学研究提供更多的数据支持和方法论。同时，人工智能技术还可以应用于医学教育，为医学生提供更加真实、直观的学习体验，提高医生的诊断能力和工作效率。

（三）基层医院医学影像诊断技术存在的问题

1. 基层医院影像医生的诊断能力相对较薄弱

首先，基层医院影像学医生总体受教育程度不高，基础相对比较薄弱。其次，基层医院影像学医生的在职能力培养计划不完善，大多数基层医院对3年规培没有硬性要求，导致基层医生的临床诊断经验不足。很多医生得不到进修学习的机会，只能依靠自己在行业中摸索，成长比较慢。虽然近年来，加大了对基层医生的培养，但基础医院一般缺乏临床经验丰富的医师带教，制约了整个团队诊断水平的提升。最后，基层医院接诊的90%为常见病、基础病、轻症，因此基层影像医生的"眼界"较窄，对于重症、急症、少见病、罕见病等缺乏相应的见解和疾病诊断经验，且大多数基础医院推行基本药物，导致急危重症的病人直接跨过基层到上级医院就诊，使基层医院医生的"见识"进一步减少。

2. 基层医院医学影像硬件设备缺乏

相对来说，基层医院的诊断设备仪器相对较少，不够先进，且缺乏相关的大型检查设备。现代医学发展迅猛，加上循证医学深入人心，没有相关的检查证实，会使许多诊疗受到限制。

3. 基层医院医学影像工作复杂多样

基层医院影像工作除了常规工作任务外，还有基层早癌筛查，经常还会下乡做检查和进行宣教工作，要发挥"守门员"的职责。因此，基层医院影像工作复杂多样，间接导致了其投入疾病诊断方面的精力较少，弱化了医师诊断能力的培养。

（四）人工智能影像诊断技术在基层医院中的应用与思考

1. 提升基层医院影像诊断的准确性

依托于人工智能影像诊断技术的大数据和多样本，可提升基层医院医生临床诊断准确率；可利用医学专家系统，将某一领域多个专家提供的专业知识和经验进行综合判断，以弥补基层医院医生专业上的不足，加快诊断速度，且提高诊断准确性。

肿瘤的早期诊断对疾病的治疗和预后至关重要，目前基层医院一般是由影像科医生人工阅片，由于受整体医疗水平和医生专业能力的限制，影像诊断的整体漏诊率和误诊率较高，且人工处理阅片的时间较长，易造成晚诊，致使患者错过最佳治疗时机。运用人工智能技术可以很好地帮助基层影像医师提高日常诊断速率，甚至有些可以完全替代日常诊断。除此之外，通过人工智能技术的应用，可使基层医生见识到全国海量的影像学资料，包括很多少见病、罕见病，加快了其自身专业能力的提升。当其再次面对同类型疾病时，能提供有效的诊断依据，加快其确诊速度，有利于临床医生尽快进行有针对性的治疗。

2. 人工智能影像诊断技术在基层医院面临的挑战

人工智能技术在基层医院医学影像诊断中具有广阔的前景，但其也受到一些因素的制约。主要表现在：①因为缺乏统一的标准与规范，影像学数据的质量参差不齐，不同医疗机构、不同厂家、不同档次的设备均存在图像质量、参数设置等的差异。②人工智能医疗在我国处于初步阶段，产品虽在实验室取得了较好成绩，但数据缺乏真实性和复杂性。有些人工智能影像产品在单种疾病中发展良好，在细分领域取得骄人成绩，但疾病是多样性的，对"异病同影、同病异影"等现象却难以检出。③人工智能技术会挖掘大量的患者信息，包括患者的基因信息，涉及隐私、伦理等范畴，如泄露会产生不利影响，急需建立相应的法律法规和伦理规范来进行有效监管。④当出现误诊、漏诊等情况给患者带来伤害时，如何去划分责任亦是一个需要思考的问题。因此，需加强风险责任划分，确保患者和公众利益。

人工智能技术在医学影像诊断中具有非常广阔的应用前景，其推动了医学成像智能化、数据采集标准化及数据分析自动化。随着数据的积累和技术的进一步发展，人工智能与医学影像的结合会提高基层医院医生的诊断水平和效率，产生巨大的经济效应和社会效应。

三、人工智能在医学教育中的应用

（一）人工智能在医学教育中的应用分析

近期，人工智能在教育领域取得重大发展，机器人教师可以进行授课，并能监督学习进度。人工智能在教育领域的应用可以向学生传授知识，减少教师烦琐的教学任务，同时可以高效反馈学生的学习情况，便于教师制订个性化的教学方案。在医学教育领域，人工智能主要应用于学习支持、学习效果评估、课程审查等方面。

人工智能在医学教学中最主要应用于学习支持。在学习中使用人工智能系统的优势是可获得即时反馈，加强基于问题的学习，识别学生知识的不足。同时人工智能可被应用于本科病理教学中，利用线上、线下相结合的教学方式，解决最常出现的学生听不懂、教师讲不完的问题，提高教师的课堂教学质量，培养学生的自学能力。有研究探讨了智能型高级综合模拟人（ECS）在急救护理实训教学中的效果，结果显示 ECS 教学小组理论知识考试成绩、实践教学效果均优于传统教学小组，学生的综合及格率也高于传统教学小组，这表明 ECS 教学可提高护生的急救护理理论和实践能力，是培养护士护理能力的有效途径。

人工智能还被应用于学习效果评估，如作业评分、自动论文评分、操作技能评估、考勤出勤跟踪等。很多研究认为，可通过分析学生的抬头情况，使授课教师能够根据学生的听课状态及时做出调整。有学者将人工智能的数据处理原理应用在主观题型题目的答题文本判别和参考评分中，并针对不同题型探索出相应的评判策略与权重规则。目前，人工智能实现全部硬件需求在以智能手机为代表的移动终端的整合，提升了原有在线考试系统的适用性和灵活性，提高了教师教学工作效率，降低了劳动负荷与人为错误的发生。

人工智能在医学教育中的应用还包括虚拟现实（VR）和增强现实（AR）技术，这些技术可以使医学教育更加直观、生动。VR 技术可以模拟医疗手术和诊断操作，让学生在虚拟环境中进行模拟实践，有效提升了学生的实践能力。例如，学生可以通过 AR 技术观察人体解剖结构、病理变化等，从而更加深入地学习医学知识。

人工智能还可用于医学教学中的智能推荐和个性化学习。人工智能系统通过分析学生的学习行为和反馈信息，针对每个学生的学习特点和需求，为其推荐最适合的学习内容和方式，可有效提高学生的学习兴趣，促进学生主动学习和思考。另外，人工智能还可以应用于教学资源的智能化管理和分享。通过将医学教学资源数字化，并利用人工智能技术对其进行分类、标注和管理，方便学生和教师快速查找和使用教学资源，同时还可以促进教学资源的共享和优化。

（二）人工智能在医学教育中的挑战与建议

人工智能在医学教育中的应用仍有很多挑战。人工智能教学系统的开发需要多学科团队，也需要大量的标记好的样本数据。此外，人工智能工程师和医学生之间存在的认知差也会增加沟通的难度。教学过程中的反馈对于确定学习目标和知识差距至关重要。学生需要了解自己的表现，以便采取措施提高自己的知识水平。人工智能教学系统可以对学生的表现提供即时反馈，但反馈的质量仍有很大的改进空间。在数字化世界中，数据保护至关重要。比如，目前很多医学教学人工智能系统的数据作为评估医生晋升的指标，如果这些数据泄漏或被修改，将会影响医生晋升的公平性。如果缺乏强有力的数据保护措施可能导致社会拒绝在医学教育中使用人工智能系统。

除此之外，人工智能技术的研发和应用需要大量的资金和资源投入，涉及人力、技术设备、数据等方面。对于财力相对薄弱的医学院校或医疗机构而言，实施人工智能技术可能面临难以承受的经济压力。因此，政府需要在政策和资金支持方面给予相应的关注和扶持，以推动人工智能在医学教育领域的普及和发展。

值得注意的是，虽然人工智能教学系统能够根据学生的反馈和数据不断优化教学过程，但系统可能受到不良信息和误导的影响，从而影响其准确性和可靠性。因此，需要不断完善人工智能系统的算法和数据筛选机制，以确保其提供高质量的学习内容和教学方法。此外，随着医学的发展，人工智能教学系统也需要定期进行更新。

第三节　人工智能技术在机器人领域的应用

在这个信息化发展的时代中，随着科技的不断进步，计算机智能技术也有了质的飞跃。人们通过对智能化技术的研究，将人工智能应用到机器人领域，通过人工智能来操控机器人代替人类作业，将人类从繁重的工作中解放出来。

一、机器人概述

机器人是集机械、电子、控制、计算机、传感器、人工智能等多学科及前沿技术于一体的高端装备，是制造技术的制高点。目前，在工业机器人方面，其机械结构更加趋于标准化、模块化，功能也越来越强大，已经从汽车制造、电子制造和食品包装等传统应用领域转向新兴应用领域，如新能源电池、高端装备和环保设备，在工业领域得到了越来越广泛的应用。与此同时，机器人正在从传统的工业领域逐渐走向更为广泛的应用场景，如以家用服务、医疗服务和专业服务为代表的服务机器人以及用于应急救援、极限作业的特种机器人。面向非结构化环境的服务机器人正呈现出欣欣向荣的发展态势。总体来说，机器人系统正向智能化系统的方向不断发展。

人工智能与机器人不同。前者解决学习、感知、语言理解或逻辑推理等任务，若想在物理世界完成这些工作，人工智能必然需要一个载体，机器人便是这样的一个载体。机器人是可编程机器，通常能够自主或半自主地执行一系列动作。机器人与人工智能相结合，由人工智能程序控制的机器人称为智能机器人。

让机器人成为人类的助手和伙伴，与人类或者其他机器人协作完成任务，是新型智能化机器人的重要发展方向。为了使机器人更加全面精准地理解环境，需要机器人配置视觉、声觉、力觉、触觉等多传感器，并通过多传感器的融合技术与所处环境进行交互，使机器人在动态和不确定的环境下完成复杂和精细的操作任务。一方面，研究人员借助脑科学和类人认知计算方法，通过云计算和大数据处理技术，可以增强机器人感知环境、理解和认知决策能力；另一方面，研究人员需要研制新型传感器和执行器，用以提高机器人的作业能力。此外，当今兴起的虚拟现实技术和增强现实技术也已经应用在机器人身上，并与各种穿戴式传感技术结合起来，采集大量数据。采用人工智能方法来处理这些数据，可以让机器人能够自主学习人的操作技能，并具有进行概念抽象、实现自主诊断等功能。此外，汽车智能化是汽车发展的必然方向，无人驾驶技术正是使汽车不断机器人化。科幻世界正在一步步变为现实。

（一）机器人感知

随着机器人技术的不断发展，其执行任务的复杂性与日俱增。传感器技术为机器人提供了感觉，提升了机器人的智能，并为机器人的高精度智能化作业提供了基础。传感器是指能够感受被测量并按照一定规律变换成可用输出信号的器件或装置，是机器人获取信息的主要源头，类似人的"五官"。从仿生学角度来看，如果把计算机看成处理和识别信息的"大脑"，把通信系统看成传递信息的"神经系统"，那么传感器就是"感觉器官"。

传感技术是从环境中获取信息并对之进行处理、变换和识别的多学科交叉的现代科学与工程技术，涉及传感器的规划设计、开发、制（建）造、测试、应用及评价以及相关的信息处理和识别技术等。传感器的功能与品质决定了传感系统获取环境信息的信息量和信息质量，是高品质传感技术系统构造的关键。信息处理包括信号的预处理、后置处理、特征提取与选择等。识别的主要任务是对经过处理的信息进行辨识与分类，可利用被识别对象与特征信息间的关联关系模型对输入的特征信息集进行辨识、比较、分类和判断。

1. 视觉在机器人中的应用

人类获取的 90% 以上的信息来自视觉，因此为机器人配备视觉系统是非常自然的想法。机器人的视觉可以通过视觉传感器获取环境图像，并通过视觉处理器进行分析和解释，进而转换为符号，让机器人能够辨识物体并确定其位置。其目的是使机器人拥有一双类似于人类的眼睛，从而获得丰富的环境信息，以此来辅助机器人完成作业。

在机器人视觉中，客观世界中的三维物体会经由摄像机转变为二维的平面图像，再经图像处理输出该物体的图像。通常机器人判断物体位置和形状需要两类信息，即距离信息和明暗信息。毋庸置疑，作为物体视觉信息来说，还有色彩信息，但它对物体的位置和形状识别不如前两类信息重要。机器人视觉系统对光线的依赖性很强，往往需要好的照明条件，以便使物体所形成的图像更为清晰、检测信息更强，能够克服阴影、低反差、镜反射等问题。

机器人视觉的应用包括为机器人的动作控制提供视觉反馈、移动式机器人的视觉导航，以及代替或帮助人工进行质量控制、安全检查所需要的视觉检验。

2. 触觉在机器人中的应用

人类皮肤触觉感受器接触机械刺激产生的感觉，被称为触觉。皮肤表面散布着触点，触点的大小不尽相同且分布不规则，一般情况下指腹最多，其次是头部，背部和小腿最少，所以指腹的触觉最灵敏，而小腿和背部的触觉则相对比较迟钝。若用纤细的毛轻触皮肤表面，只有当某些特殊的点被触及时，人才能感受到触觉。触觉是人与外界环境直接接触时的重要感觉功能。

触觉传感器是机器人用于模仿触觉功能的传感器。机器人的触觉传感器主要包括接触觉、压力觉、滑觉、接近觉和温度觉等，触觉传感器对于灵巧手的精细操作意义重大。一直以来，人们都在尝试用触觉感应器取代人体器官。然而，触觉感应器发送的信息非常复杂、高维，而且在机械手中加入感应器并不会直接提高它们的抓物能力。我们需要的是能够把未处理的低级数据转变成高级信息，从而提高抓物和控物的能力。

3. 听觉在机器人中的应用

人的耳朵同眼睛一样是重要的感觉器官，声波叩击耳膜，刺激听觉神经的冲动，之后传给大脑的听觉区形成人的听觉。

听觉传感器用来接收声波，显示声音的振动图像，但不能对噪声的强度进行测量，是一种可以检测、测量并显示声音波形的传感器，被广泛用于日常生活、医疗、工业、领海、航天等领域，并且成为机器人发展所不能缺少的部分。在某些环境中，会要求机器人能够测知声音的音调和响度、区分左右声源及判断声源的大致方位，甚至是要求与机器进行语音交流，使其具备人—机对话功能，自然语言与语音处理技术在其中起到了重要作用。听觉传感器的存在，使机器人能更好地完成交互任务。

（二）机器人控制

1. 机器人控制概述

机器人控制即运动控制，包括位置控制和力控制。位置控制就是对于路径规划给出的运动轨迹（即路径），控制机器人的肢体（如机械手）产生相应的动作。力控制则是对机器人的肢体所发出的作用力（如机械手的握力和推力）大小的控制。运动控制涉及机器人的运动学和动力学特性，所以，运动控制研究需要许多运动学和动力学知识。总体来讲，机器人运动控制比较困难，主要原因在于要求的运动轨迹是在直角坐标空间中给定的，而实际的运动却是通过安装在关节上的驱动部件来实现，因而需要将机械手末端在直角坐标空间的运动变换到关节的运动，也就需要进行逆运动学的计算。这个计算取决于机器人的手臂参数以及所使用的算法。我们知道，具有四肢的动物（包括人类），运动时会很自然地完成从目标空间到驱动器（肌肉）的转换。这个转换能力一方面是先天遗传的，另一方面也是通过后天学习不断完善的。

　　生物系统的运动控制为机器人的神经网络控制提供了很好的参考模型。这种控制不需要各个变量之间准确的解析关系模型，而只要通过大量例子的训练即可实现。因此，在机器人控制中广泛采用神经网络控制技术。在运动学的控制方法中，分解运动速度的方法是比较典型的一种。它是一种在直角坐标空间而不是在关节坐标空间进行闭环控制的方法。对于那些需要准确运动轨迹跟踪的任务，如弧焊等，必须采用这样的控制方法。分解运动速度方法的关键是速度逆运动学计算，这个计算不仅需要有效的雅可比矩阵求逆算法，而且需要知道机器人的运动学参数。如果采用神经网络，则可不必知道这些参数，因此它可作为求解速度逆运动学的另一种颇具吸引力的方法。通常的机器人运动学控制主要是基于正、逆运动学的计算。这种控制方法不但计算烦琐，而且需要经常校准才能保持精度。为此，人们提出了一种双向映射神经网络，以进行机器人运动学控制。这种网络主要由一个前馈网组成，隐层为正弦激励函数。从网络的输出到输入有一个反馈连接，以形成循环回路。正向网络实现正运动学方程，反馈连接起修改网络的输入（关节变量）以使网络的输出（末端位姿）向着期望的位姿点运动。这种双向映射网络不但能够提供精确的正、逆运动学计算，并且只需要简单的训练即可。在动力学控制中，关键是逆动力学计算。这里主要有两方面的问题：一是计算工作量很大，难以满足实时控制的要求；二是需要知道机器人的运动学和动力学参数。要获得这些参数，尤其是动力学参数，往往是很困难的。采用神经网络来实现逆动力学的计算，原则上可以克服上述两个困难。由于神经网络并行计算的特点，它完全满足实时性的要求，同时它是通过输入输出的数据样本经过学习而获得动力学的非线性关系，因而它并不依赖机器人参数。

在力控制中，无论是采用经典控制还是现代控制，都存在建模难题。因此，人们将智能控制技术引入机器人力控制中，产生了智能力控制方法。该方法应用递阶协调控制、模糊控制和神经网络控制技术来实现力控制系统。在这类系统中，力/位反馈并行输入，模糊、神经网络控制对输入信息进行并行非线性处理和综合，将处理结果（位置量）输出给位置伺服子系统。这种控制系统具有高速响应，能够完成机器人在行走中与刚性表面接触而产生位移时的实时控制。

智能机器人的控制结构通常被设计成多处理机系统的网络，并采用智能控制的分层递阶结构。如在纵向，自顶向下分为四层，每一层完成不同级别的功能。第一层负责任务规划，把目标任务分解为初级任务序列。第二层负责路径规划，把初级移动命令分解为一系列字符串，这些字符串定义了一条可避免碰撞和死点的运动路径。第三层的基本功能是计算惯量动力学并产生平滑轨迹，在基本坐标系中控制末端执行器。第四层为伺服和坐标变换，完成从基本坐标到关节坐标系的坐标变换以及关节位置、速度和力的伺服控制。

2. 智能控制与操作

（1）神经网络在智能运动控制中的应用

神经网络控制是基于人工神经网络的控制方法，具有学习能力和非线性映射能力，能够解决机器人复杂的系统控制问题。机器人控制系统中应用的神经网络直接控制、神经网络自校正控制、神经网络并联控制等几种结构。

①神经网络直接控制利用神经网络的学习能力，通过离线训练得到机器人的动力学抽象方程。当存在偏差时，网络就会产生一个大小正好满足实际机器人动力特性的输出，以实现对机器人的控制。

②神经网络自校正控制结构是以神经网络作为自校正控制系统的参数估计器，当系统模型参数发生变化时，神经网络对机器人动力学参数进行在线估计，再将估计参数传送到控制器以实现对机器人的控制。由于该结构无须将系统模型简化为解耦的线性模型，且对系统参数的估计较为精确，因此控制性能明显

提升。

③神经网络并联控制结构可分为前馈型和反馈型两种。前馈型神经网络学习机器人具有逆动力特性，并可给出控制驱动力矩与一个常规控制器前馈并行，实现对机器人的控制。当这一驱动力矩合适时，系统误差很小，常规控制器的控制作用较低；反之，常规控制器起主要控制作用。反馈型并联控制是在控制器实现控制的基础上，由神经网络根据要求的和实际的动态差异产生校正力矩，使机器人达到期望的动态。

（2）机器学习在机器人灵巧操作中的应用

随着先进机械制造、人工智能等技术的日益成熟，机器人研究关注点也从传统的工业机器人逐渐转向应用更为广泛、智能化程度更高的服务型机器人。对于服务型机器人，机械手臂系统完成各种灵巧操作是机器人操作中最重要的任务之一，近年来一直受到国内外学术界和工业界的广泛关注。其研究重点包括让机器人能够在实际环境中自主智能地完成对目标物的抓取，以及拿到物体后完成灵巧操作任务。这需要机器人能够智能地对形状、姿态多样的目标物体提取抓取特征、决策灵巧手抓取姿态及规划多自由度机械臂的运动轨迹以完成操作任务。

利用多指机械手完成抓取规划的解决方法大致可以分为"分析法"与"经验法"两种思路。"分析法"需要建立手指与物体的接触模型，根据抓取稳定性判据以及各手指关节的逆运动学，优化求解手腕的抓取姿态。由于抓取点搜索的盲目性以及逆运动学求解优化的困难，近些年来，"经验法"在机器人操作规划中获得了广泛关注并取得了巨大进展。"经验法"也称数据驱动法，它通过支持向量机（SVM）等监督或无监督机器学习方法，对大量抓取目标物的形状参数和灵巧手抓取姿态参数进行学习训练，得到抓取规划模型并泛化到对新物体的操作。在实际操作中，机器人利用学习到的抓取特征，由抓取规划模型分类或回归得到物体上合适的抓取部位与抓取姿态；然后，机械手通过视觉伺服等技术被引导到抓取点位置，完成目标物的抓取操作。近年来，深度学习在计算机视觉等方面取得了较大突破，卷积神经网络（CNN）被用于从图像中学习抓取特征且不依赖专家知识，可以最大限度地利用图像信息，使计算效率得到提高，满足了机器

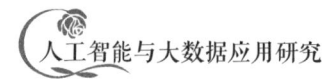

人抓取操作的实时性要求。

与此同时，由于传统的多自由度机械臂运动轨迹规划方法（如五次多项式法、RRT 法等）较难满足服务机器人灵巧操作任务的多样性与复杂性要求，模仿学习与强化学习方法得到研究者的青睐。模仿学习是指机器人通过观察模仿来实现学习，它从示教者提供的范例中学习，一般提供人类专家的决策数据。每个决策包含状态和动作序列，将所有状态—动作对抽取出来构造新的集合之后，可以把状态作为特征、把动作作为标记进行分类（对离散动作）或回归（对于连续动作）学习，从而得到最优策略模型。模型的训练目标是使模型生成的状态—动作轨迹分布和输入的轨迹分布相匹配。通常需要深度神经网络来训练基于模仿学习的运动轨迹规划模型，而强化学习方法通过引入回报机制来学习机械臂运动轨迹。总之，机器学习及深度神经网络方法的快速发展，使智能服务机器人应对复杂变化环境的操作能力大大提升。

二、人工智能在机器人学习中的应用

（一）人工智能视域下机器人学习的教育应用与创新探索

1. 人工智能视域下机器人学习的适切性

在当前的教育环境当中，由于智慧教育的出现，大数据系统对于学生们的信息进行分析和筛选，从而利用潜在知识来推动智慧教育的良好发展。机器人学习实际上就是通过计算机来对于数据进行分析从而掌握其中的学习规律，并对其进行有效的预测，可见机器人学习对于智慧教育而言是非常有利的。在当前的教育信息化时代，智慧教育无疑成了学生学习过程中的重要诉求，通过将学习与高科技技术相互融合，机器人学习必然会为教育生态带来帮助。通过机器人学习，教师能够提升教育质量和效率，学生也能够获得更加符合自身需求的学习服务，从而使得学生的家长们能够减轻一部分负担。

在人工智能视域下，机器人学习是当前最为先进的一种技术，在教育领域中的大数据应用有着非常良好的前景，通过对于机器人学习的应用，能够帮助学生们实现知识与数据之间的连接。

2. 机器人学习与教育之间的融合

从目前的情况来看，大部分教师都不懂技术，而懂技术的工作人员又不懂教育，导致教育和科学技术之间无法形成良好的结合，由于技术开发人员不懂教育导致他们对于数据进行开发的过程无法从教育的角度上进行审视，而教师也无法从技术方面对于数据的开发进行回应。因此，在人工智能的视域下，应将机器人学习和教育进行深度融合，具体可将技术领域和教育领域的人员组织在一起进行沟通交流，从而让技术研发人员能够充分认识到机器人学习在教育领域中的应用。

3. 机器人学习在学习场景方面的应用

人工智能在教育领域中进行应用是其未来发展的必然趋势，由于在教育领域当中会涉及多个学科，所以对于机器人学习的要求也就变得更高，在学习不同学科时需要建立不同的应用场景，这对于机器人学习来说是较为困难的，同时也是值得创新的。机器人学习可通过进行大数据分析，来对各个学习内容的特点以及每一个学生的特点进行分析，并采取有针对性的教学方式，以此提升教育的效率。

4. 机器人学习对于智慧环境创新方面的应用

首先，因为教育领域的数据量十分庞大，并且缺乏秩序，所以也为大数据系统对于教育数据的分析处理增加了难度。其次，在对数据进行处理的过程中，常常会遇到涉及数据隐私等问题，所以如何对于数据隐私进行保护也是当前所要关注的一个重要问题。因此，在教育领域中进行大数据处理，以提升教育质量并确保教育数据得到合理化利用，需要多方面的协同配合，从而推动教育数据共享的合法性。最后，要确保教育数据能够保持个性化和标准化，如果实现了数据标准化，那么将会大幅度地降低数据交换成本，并能够实现数据的无缝整合。而数据的个性化则主要针对学生之间的差异性，从而满足了不同学生对于学习的不同需求。

（二）机器学习在机器人多模态信息融合中的应用

随着传感器技术的迅速发展，各种不同模态（如视、听、触）的动态数据正在以前所未有的发展速度涌现。对于一个待描述的目标或场景，通过不同的方法或视角收集到的、耦合的数据样本是一个多模态数据。通常把收集这些数据的每一种方法或视角称之为一个模态。狭义的多模态信息通常关注感知特性不同的模态，而广义的多模态融合则通常还需要研究不同模态的联合内在结构、不同模态之间的相容与互斥和人—机融合的意图理解，以及多个同类型传感器的数据融合等。因此，多模态感知与学习这一问题和信号处理领域的"多源融合""多传感器融合"以及机器学习领域的"多视学习"或"多视融合"等有着密切联系。机器人多模态信息感知与融合在智能机器人的应用中起着重要作用。

机器人系统上配置的传感器复杂多样，从摄像机到激光雷达，从听觉到触觉，从味觉到嗅觉，几乎所有传感器在机器人上都有应用。但限于任务的复杂性、成本和使用效率等因素，目前市场上的机器人采用最多的仍然是视觉和语音传感器，这两类模态一般独立处理（如视觉用于目标检测、听觉用于语音交互）。但对于操作任务，由于大多数机器人尚缺乏操作能力和物理人—机交互能力，触觉传感器基本还没有被应用。

视觉信息与触觉信息采集的可能是物体不同部位的信息，前者是非接触式信息，后者是接触式信息，因此它们反映的物体特性具有明显差异，使视觉信息与触觉信息具有非常复杂的内在关联关系。现阶段很难通过人工机理分析的方法得到完整的关联信息表示，因此数据驱动的方法是目前一种有效解决此类问题的方法。

如果说视觉目标识别是在确定物体的名词属性（如"石头""木头"），那么触觉模态则特别适用于确定物体的形容词属性，如"坚硬""柔软"已经成为触觉情感计算模型的有力工具。值得注意的是，对于特定目标而言，通常具有多个不同的触觉形容词属性，而不同的"触觉形容词"之间往往具有一定的关联关系，如"硬"和"软"一般不能同时出现，但"硬"和"坚实"却具有很强的关联性。

视觉与触觉模态信息具有显著的差异性。一方面，它们的获取难度不同。通常视觉模态较容易获取，而触觉模态获取则较为困难，这往往造成了两种模态的数据量相差较大。另一方面，由于"所见非所摸"，在采集过程中采集到的视觉信息和触觉信息往往不是针对同一部位的，具有很弱的"配对特性"。因此，视觉与触觉信息的融合感知具有极大的挑战性。

机器人是一个复杂的工程系统，开展机器人多模态融合感知需要综合考虑任务特性、环境特性和传感器特性。但目前机器人触觉感知方面的发展远远落后于视觉感知与听觉感知的发展。如何融合视觉模态、触觉模态与听觉模态的研究工作尽管在20世纪80年代就已开始，但进展一直很缓慢。未来需要在视、听、触融合的认知机理、计算模型、数据集和应用系统上有所突破，综合解决信息表示、融合感知与学习的计算问题。

第三章 大数据在教育与公共安全领域的应用

第一节 大数据与教育

一、教育大数据的概述

当前,大数据时代已经到来,并在教育领域得到了广泛的应用。我国教育与大数据的结合已是时代发展的必然要求。下面主要研究大数据与教育的之间的联系。

(一)教育大数据的内涵

教育大数据指的是在教育教学过程中产生的或者采集到的用于教育发展的数据集合,其能够在教育领域创造巨大的潜在价值。教育大数据的来源主要有四个方面:一是在课堂教学、考试成绩、网络互动等教学活动过程中产生的直接数据;二是在教育活动中对学生的家庭信息、学生的健康信息、学校基本信息、财务信息、设备资产信息等进行统计而采集到的数据;三是在科学研究活动中通过发表论文、运行科研设备、采购材料和记录消耗等工作采集到的数据;四是在校园生活中通过餐饮消费、洗浴洗衣、复印资料等产生的数据。

（二）教育大数据的分类与结构

1. 教育大数据的分类

教育数据的分类方式多种多样。从数据产生的流程来看，可以将数据分为过程性数据和结果性数据。过程性数据指的是在课堂表现、线上作业、网络搜索等教育活动的过程中采集的数据，此类数据一般难以直接量化；结果性数据是指成绩、等级、数量等可以进行量化的数据。从产生数据的业务来源看，可以将数据分为教学类、管理类、科研类以及服务类四种数据类型。

2. 教育大数据的结构

教育数据的结构从内到外可以分成四个层次，依次是基础层、状态层、资源层和行为层。基础层存储的是基础性数据，包括教育部发布的学校管理信息、行政管理信息、教育管理信息等，这一系列标准涉及的数据都是国家教育的基础性数据；状态层存储的是与教育相关的事物的运行信息，如教育装备、教育环境和教育业务中的设备消耗、故障、运行状况、校园空气质量、教学进程等；资源层存储的是各类教学资源，如幻灯片课件、教学视频、教学软件、图片、问题、试题试卷等；行为层存储与教育相关的用户的行为数据，如学生的学习数据、教师在教学中产生的数据、管理者维护系统时产生的数据和教研员在指导教学过程中产生的数据等。教育数据的层次不同，数据采集、生成方式和应用场景也不同。数据采集的难度按照从内到外的层次依次递增，采集行为层次数据的难度是最大的，如果不使用技术工具作为辅导工具，一般情况下无法采集到该数据。

（1）基础层数据

一方面，通过人工定期采集数据的方式将教育基础方面的数据逐级上报，包括每年的教师招聘、招生数量等最新的教育数据；另一方面，通过与其他系统交换数据的方式，采集和更新教育基础数据，如学籍系统、人事系统和资产系统等定期对数据进行更新。作为高度结构化教育数据的一个重要组成部分，基础层数据的优势在于能够对教育发展的现状、教育决策的科学性、教育资源的优化和教育体系的完善进行宏观掌控。其中，学籍、人事、资产等基础性教育数据由于其具有的隐私性和保密性特征，需要国家进行重点保护。

（2）状态层数据

状态层数据主要运用人工记录和传感器感知这两种方式进行采集，目前应用最广泛的采集方式是人工记录。未来，传感技术会不断发展并广泛应用，将全天候、全自动化地记录教育装备、教育环境和教育业务等方面的运行情况和相关数据。状态层的数据使管理和维护教育装备更加高效化，有利于对教育业务的运行状况进行全面的掌控，打造更加人性化的教育环境。

（3）资源层数据

大部分的资源层数据属于非结构化数据，且具有总量大、形态多样的特点。产生资源的方式主要有以下两种：一是进行专门的建设活动，如个体发挥自主性进行教学课件的建设，企业发挥优势提供学习的资源和学习工具，国家发挥组织特征开放精品课程等；二是动态生成资源，如在教学活动中，通过课堂讨论、记笔记、完成试题等产生的资源。要创新教学模式、变革教学方法，最重要的就是要利用好丰富多样的优质资源。

（4）行为层数据

教育行为包括录入成绩、教师备课、学生上课、设备报修、财务报销等形式，但是在行为层数据中占据主导地位的是教师与学生之间的教与学这一行为数据。大数据时代可以采集更多、更细微的教学行为数据，如学生在何时何地，应用何种终端浏览了哪些视频课件、观看了多长时间、先后浏览顺序、是否跳跃观看等细颗粒度的行为都将以日志记录的形式被保存下来。

二、现代教育大数据在教师知识管理中的应用

（一）知识管理

21世纪是信息时代，知识在其中扮演着重要角色。有专家认为，组织所具备的知识以及拥有的学习技能可使自身在竞争中具有一定优势。隐性知识和显性知识是知识的两大分类。显性知识可以通过书本、言语、文字等编码模式传播和学习，并且只有经历实践与体验才能获取。知识管理的本质是创造与分享知识，目的是运用最佳的方式把适当的知识在合适的时候传递给需要的人，它主要研究

的是显性知识与隐性知识间的组合、内化、社会化和外化。

1. 知识管理的含义

知识管理就是企业对其所拥有的资源进行管理，以协助其收集、应用、分享、创新知识的系统办法。

2. 信息技术促进教育知识管理

知识在信息时代已成为最主要的财务来源，而知识工作者是最有生命力的资产，组织和个人最重要的任务就是知识管理。知识管理可以让个人与组织具备更强的竞争能力，并做出更好的决策。全球的信息资源已被网络联系在一起，从而形成了全球最大的信息资源库，为学习者提供了极为丰富的教育信息来源。教育知识管理就是知识增值和服务创新，通过知识管理、信息技术和网络联合提供的现代服务，丰富教育知识，通过将知识创新的理念和教育服务的文化相互融合，使服务和被服务的观念都发生转变：不是走出去找服务，而是让服务无处不在、无时不在。当前，信息资源的重要性已被大众所认识到，而要想让繁多的信息更好地为教育服务，并将其有效地应用到全体成员的发展当中，就需要用到知识管理理论。知识管理理论正是以知识为研究对象，以实现个体和组织的知识收集、共享、应用和创造为目标的新理论，为教育信息化建设提供了全新的发展思路。

（二）教师知识管理

1. 教师知识管理的目的

教师知识管理的目的可归纳为下面几点：

第一，使教师的持续学习能力、运用知识能力以及应变能力得到提高；

第二，培养教师独立思考的能力以及持续学习的习惯，并着重提高教师的教学效率；

第三，重点是怎样把知识转变为能力，而不是仅仅掌握知识；

第四，塑造学校的组织文化与适应变革的能力。

2. 教师知识管理的策略

（1）系统化策略

参与者可着重把标准化与结构化的知识储存到组织的知识库中，使组织中的运用者能够反复运用知识，而不用接触最初的知识源，这就是系统化策略的中心思想。可以详细参照下面的做法把系统化策略运用到教师的知识管理上。

①建构教师知识地图

知识的"库存目录"即知识地图，它能够表现出组织中主要知识的所在位置，一般包括文件、人员和数据库等，并且要想达到运用和挖掘知识的目标，需要整合组织专业知识的资源体系。

②建置教师知识库

共享、保存、创造与运用知识的主要系统平台是知识库。通过容易理解和取得的方式把优秀的教师专业知识展现给需要此类知识的其他教师，是构建教师知识库的目的。知识库所涵盖的内容由其质量决定，是因为其是交换知识的重要媒介。所以，学校应把教师的经验和知识通过报告、文件的方式展现出来，并实行数据化，再经由系统分类、整理，建成教师知识库，以支持教师教学或研究。教师知识库在架构及内涵上的建设应该搭配教师知识地图，进行统一的规划与设计。教师知识库的发展必须通过教师、专家、技术人员的合作才能顺利完成。值得注意的是，任何知识库都无法包含未来的、创新的知识，它只是包含了以往的旧知识，甚至隐藏了部分过时的以及无用的知识。因此，知识库必须不断地进行更新和充实。

（2）个人化策略

①建构教师专业共同体

教师与学校内外的其他教师一起探索教育教学问题，并进行专业的对话、实践、批判、反思，以促进教师的专业发展。教师应使自己成为相关学科专业共同体中的一员，与其他教师共同参与教学情境的对话，不断检视自己的知识结构，并愿意与他人分享知识与经验。

②建立有效知识分享机制

知识拥有者与需要者之间的知识转移过程就是知识分享，它也是人和人之间的主要交流过程。知识分享的实现,特别是隐性知识分享的实现,需要知识拥有者自愿奉献自己的知识;需要拥有者自愿学习与聆听对方的知识,他们的协作与交流是为了达到共享知识的目标,尤其是共享隐性知识。

(三)大数据时代教师知识管理应用

1. 个人知识管理系统

PKM2 是基于内容的个人知识管理系统,可以把全部图像、文字信息转变为 HTML 模式文件储存在数据库中。这些信息包括本地机器里的文档内容、用户的笔记、网页的内容。PKM2 之所以不会损失数据,是因为所有资源都被储存在用户的项目中进行管理。

(1) PKM2 的特色

①便携性。PKM2 是一款能够放在移动硬盘或 U 盘里,当作便捷式个体知识库的绿色免费软件。

②安全性。软件 Projects 目录的各个子项目中储存着全部数据,恢复和备份操作简单,进行相关文件夹的拷入与拷出就能实现数据的恢复与备份。

③交互性。PKM2 可以便捷地进行数据的导入与导出。本地的文档(HTML、DOC、RTF、TEXT 等)和网上的页面数据都可存入或导入 PKM2。同时,PKM2 中的数据可以直接导入 Web 系统,发布到网站上,也可以 EXE 电子书、CHM 电子书格式发表,或导出为 DOC、HTML 等格式的文档。

④规范性。PKM2 的文件数据是以都柏林核心元数据聚集 10 个因素(关键词、分类、修改日期、创设日期、创建者、资源标识符、备注、编者、题目、资料来历)为依据,对资料进行标引,并在编辑器中集成了标引工具,对作者、关键词、标题和备注进行半自动标引。

⑤开放性。全部文档被 PKM2 使用 HTML 标准转变为 HTML 格式进行统一处理。基于 HTML,用户可以按照统一的方式编辑、管理文件。同时,用户能够基于开放的 HTML,便捷地进行二次研发。

(2) PKM2 的结构

PKM2 是基于内容的个人知识管理系统,其中所有文档均需转为 HTML 格式，而 HTML 则由文本数据和关联文件构成。PKM2 将所有文本数据保存在数据库中，所有关联文件保存在附件目录中，这样既可避免数据库过度膨胀，又可依托数据库的安全性和稳定性使资料得到可靠保护。同时，由于数据库的开放性，用户也可以直接管理自己的数据。

（3）PKM2 功能

①信息管理：可以对信息片段、网页、数据文件等多种多样、形式各异的信息进行管理；可为保存的信息指定标题、关键词、作者、备注、附件等；PKM2 可以保障其所保存信息的安全性，并具有对相关数据文件进行优化、文件压缩及备份的功能。

②信息评估：通过饼形图及其他图形的形式，形象化地描述数据库中各类信息的储存量及具体分布情况；以阅读的次数、保存的时间前后以及是否具有书签等为依据，制定多种文件列表视图；PKM2 可以自行定义 20 余种书签，用于对数据的分析及知识点的评估；PKM2 所具有的标签功能具有对数据进行汇总和排序的优势，能帮助用户分析数据分布情况，统计数据以及分析知识点。

③信息使用：可以通过网页的形式快速地浏览保存的信息；在浏览时可以用特殊的标记对重要信息进行备注；提供打印、打印浏览功能；可以通过备注、标注等特殊标记随时对附加信息进行查看；具有对已保存、收集的数据信息进行较为复杂的编辑的功能。

④信息检索：具有在所储存的数据及已安装的软件内部进行查找的功能；不仅可以对储存的信息进行分类查找，还可以对其所有的子文件进行检索；可以对所储存信息进行精确的查找或者模糊检索。

⑤信息共享：以 CHM 电子书的形式对导出的文件或者文件夹进行保存；通过类似网络文件的系统对信息进行分享，信息分享的主要途径是 Web 应用程序；通过光盘版单机运行数据库的形式进行信息的共享；以 PKM 数据包为中介进行相关数据的交换。

2. 网络日志

Blog 的全名是 Web Log，翻译为中文即"网络日志"，后来才以 Blog 这种简写的形式广泛流传，在中国则被大众称为"博客"。博客是指用户将自己的日常感悟以日记的形式记载并分享在网络平台上的一种方式，可以不断进行更新。简单来说，博客是用户分享心得的网络平台。博客是顺应大数据时代网络潮流而生的第四代网络交流方式，它以网络的形式向大众分享个人或他人的生活、工作，代表着新的生活方式和工作方式，更代表着新的学习方式。一个博客其实就是一个网页，它通常是由简短且经常更新的帖子所构成，其中文章的排列顺序与微信等其他网络平台一样，都是以日期倒序排列的。博客的内容千奇百怪、风格多样，既包含个人的日常生活感触，也包括科技小说的连载，甚至有社会热点的大众评论等。所以说，博客的创作主体既可以是个人，也可以是具有共同目标、共同利益的群体。不可否认的是，博客以其操作方便、沟通简单等特点成了不同主体之间进行沟通使用较为频繁的网络工具。博客是自由与创新模式结合下的新的网络交流平台，因此具有其他网络社交平台无法匹敌的开放性，可以在网络世界体现个人的存在，开阔个人视野，彰显个人的社会价值理念，建立属于自己的交流沟通群体。

博客特点：第一，操作简单，这是博客受到广大网民喜爱的重要原因之一，也是博客发展的推动力。这种特点除了在注册过程中有所体现外，还表现在其管理平台提供了完整、系统的操作按钮提示，只要按操作提示便可迅速掌握博客基本技能，开始博客交流的新旅程。第二，持续更新，这是博客得以保持生命力的源泉。博客以其更新速度快的特点享誉网络界，凡注册以后在半个月之内没有进行过持续更新的用户便成为"睡眠博客"。在网络大数据的社会背景下，信息以超前的速度传播，而博客的更新也应与社会发展同步，不然就会逐渐落伍，失去前进的动力，进而失去大众的喜爱。如果可以坚持更新博客，经过日积月累的积淀，博客的生命力肯定会更强。第三，开放、互动，这是博客交流的推广链。网络赋予了博客开放性，博客不再是仅个人可见的私密空间，而成了一个开放性的网络平台，浏览者通过对博客内容的评价与留言，在实现二者交流的同时，也扩展了网络的互动效应，有助于固定的博友圈的形成。第四，展示个性，这是博客内容之所以丰富多彩的主要原因。博客为博主提供了展示个人魅力的平台，无论是其所发表的日志内容、博客界面、文章数量，还是日志分类、人气指数，这些都彰显了博主的个性特点。与此同时，博客还为博主提供了自由设计的功能，即博主可以根据自己的喜好对发表内容进行相应的设计，这些都为博客的使用者更好地施展个人魅力提供了条件。

三、远程教育的大数据研究与应用

（一）基于大数据的教育研究与实践

1. 大数据与教学研究前沿

（1）学习者知识建模

通过采集学习者系统应答正确率、请求帮助的数量和性质，以及错误应答的重复率等，构建学习者知识模型，为学习者在合适的时间，选择合适的方式，提供合适的学习内容。

（2）学习者行为建模

通过采集学习者在网络学习系统中花费的学习时间、完成课程情况、在课堂或学校情境中学习行为变化、线上或线下考试成绩等，构建学习者学习行为模型，探索其学习行为与学习结果的关系。

（3）学习者经历建模

通过采集学习者的学习满意度调查，以及获取其在后续课程学习中的选择、行为、表现和留存数据，构建学习者体验模型，以此对在线学习系统中的课程和功能进行评估。

2. 教育大数据的研究应用

（1）个性化课程分析

国外某大学的"学位罗盘"系统在学生注册课程前，会通过机器人顾问评估其个人情况，并向其推荐他可能取得优秀学业表现的课程。系统首先获取某个学生以前（高中或大学）的学业表现，然后从已毕业学生的成绩库中找到与之成绩相似的学生，分析以前的成绩和待选课程表现之间的相关性，结合某专业的要求和学生能够完成的课程进行分析，利用这些信息预测该名学生未来在课程中可能取得的成绩，最后综合老师预测的成绩和各门课程的重要性，为该名学生推荐一张专业课程的清单。

(2) 学术研究趋势的把握

国外某大学文学实验室的一项研究尝试以放置在互联网上的海量书籍为平台，通过对其进行数据挖掘和分析，以把握和预测文学作品和学术研究的发展趋势。

（二）大数据思维与现代远程教育教学平台的现状分析

现代远程教育从"三支持模式"来理解其平台支持、资源支持和学习支持都具有网络化、信息化和数据化的特性。而远程教育的运行，就是基于这三者之间的"交互活动"来实现，其"交互活动"的全过程在相应的平台数据库、后台服务器都能用数据的形式表现出来。因此，可以说远程教育的整个教学过程就是教育大数据的积累过程。那么，人们研究远程教育，从实证分析的角度来看，离不开大数据的研究思维与数据挖掘。

（三）基于大数据思维的现代远程教育教学资源建设研究

远程教育的教学内容几乎都表现在各种类型的平台教学资源，如文本资源、多媒体课件、三分屏课件、mp3 音频资源、论坛帖子等。据了解，目前的资源数据主要有两类：一类是统计教师在教学平台的资源配置情况，另一类是关于课程的统计信息。

关于教师在教学平台的资源配置，主要统计了在教授某课程，提供并在平台配置的各类课程资源总数。首先，这个总数是各类资源的历史累积数，缺乏具体的时间段参考，这对分析教师某学期教学资源建设情况缺乏具体的参照。其次，数据之间缺乏有效的关联，如教师发帖数与学生发帖数的统计，没有时间区间参照，如果教师发帖是在 2018 年，学生发帖是在 2019 年，这两者本身就是无关数据，即没有可以分析的价值。最后，数据本身也缺乏有效性。只有明确了数据本身的指向性，才能进行有效的数据挖掘。这同时也提出了一个问题，即教学资源平台的建设与分析，需要对数据建设和数据分析的专业人才进行引进与培养。只有不断地细分数据，才能形成全维度的大数据分析，并得出有价值的参考结论。

关于在线课程资源的使用与论坛交互情况，主要统计了各资源的点击总量、师生教学交互过程中的发帖与回帖数等。对资源点击量来说，只有总量，没有细分到是教师还是学生，是哪个教师、哪个学生，因而对教师的教学支持关注与学生的学习访问情况无法深入分析。

总的来说，目前我们对教学平台资源使用的数据认识，还只是基于统计和教学检查的层面，还没有进行深入的研究和分析。为了更好地把大数据研究应用到现代远程教育研究上，需要从以下几个方面着手。首先，我们要做的是完善教学管理平台数据库的建设。只有搭建了全面的后台数据库，才谈得上对大数据的研究应用。而后台数据库则需要根据资源需求情况、资源使用情况、资源类型形式、资源潜在储量等研究与应用指标进行全局的设计与构建。同时，我们相应地还需要根据不同的数据结构与数据来源构建教学资源应用模型、教学管理模型等教育大数据研究模型。通过这些教育大数据研究模型的不断优化，我们可检测各数据库结构的合理性与发展性，从而促使教学平台的不断优化。为了完善教学管理平台数据库，我们还需要加大投入于硬件建设与软件建设。其次，我们需要在意识层面、技术层面、体制层面、人才层面予以高度的关注、重视，并采取有效措施，加大教育大数据的研究分析，用以改进现代远程教育教学平台的大数据功能性。在研究意识层面，需要通过座谈、讲座与访谈等形式把教育大数据的研究理念在广大教师、管理人员中间进行推广，并通过这些形式进一步了解教师、管理人员的大数据研究需求，找准研究应用的切合点；在技术与人才层面，需要有针对性地进行相关人才的引进、培养，这些有针对性的因素包括计算机技能、知识管理理念、现代远程教育发展研究与数据分析能力、教学资源设计、统计分析等方面；在体制层面，包括从组织设置上重视资源建设，如高校把教学资源单独设置为处级部门，形成对教学资源的专门管理与建设、研究，以及建立相应的激励和约束机制，鼓励教师、管理人员积极从事具有特色的数据库建设与研究，把数据库建设与研究的相关成果作为年度考评和职称晋级等的考核指标之一。最后，我们要兼顾非结构化资源建设，重视复杂数据的处理和使用。大数据是结构化数据、半结构化数据与非结构化数据的总和。在纷繁复杂的大量数据中，只有10%的数据是存储在数据库中的结构化数据，其他的则是由邮件、视频、文本等在教学交互、资源应用等过程中产生的半结构化数据、非结构化数据。而这些半结构化数据、非结构化数据更是远远大于教学过程中产生的结构化数据。现代远程教育的教育教学过程已经实现了全面的平台数据化，信息中心、教学中心、管理中心与研究中心结合在一起，因此必须深入了解大数据的特征、技术及应用，在重视结构化资源建设的同时，兼顾非结构化资源建设，并高效快捷地从庞大的数据中挖掘出教学、管理、研究的有用信息，提高基于数据的现代远程教育细节认识，这将成为21世纪现代远程教育特别是资源建设的主旋律。教育大数据研究是一个新的研究方向，也是现代远程教育发展与研究的重要突破口。现代远程教育是一种数字化的现代教育类型，因此其研究发展的基石就是大数据研究。那么基于大数据的教育研究，就需要形成从数据到理念、技术、人才、制度、教学与管理等全环节的研究发展思路，并结合知识管理的理念，优化教学资源，储存共享学校发展研究知识，实现现代远程教育研究发展在理念与方法上的与时俱进。

四、我国教育大数据应用展望

（一）学生的行为分析

大数据的到来使教育领域由前沿技术的发展，从宏观群体走向微观个体，实现了真正意义上的全面详尽的个性化教育。其采集学生的日常行为信息，对学生学习与心理状况进行分析，同时对学生做题的习惯、师生互动时间以及计算能力和速度等数据进行个性化的研究分析，为学生提供适合自己综合素质的个性化学习方案，进而帮助教师找到教学侧重点来提高教学质量。

（二）教学过程监控与引导

大数据对于学校的日常管理也有巨大的帮助作用，其对学生与教师的微观行为进行及时分析，获取有效的数据，并通过智能计算，使学校领导能及时地对教学管理方法、教学资源进行调整，以便让学校的管理状态处于良性循环中。同时，其可以提高学校的投入产出比，使学校的经济效益处于良性运营当中。

五、大数据环境下高等教育管理

（一）大数据环境下高等教育常规教学管理

1. 大数据环境下常规教学管理的意义

有效的管理决定着有效的教学，其中常规管理居于重要地位。所谓常规管理，其内涵是对规律性的活动给以规范性的限定。在实施某一学科的课堂教学常规管理时，必须注意到规律性与规范性这两个要点。

（1）规律性

就学校工作而言，除突发的与临时的指令性工作以外，整体是按部就班、依其自身规律运行的，如年级、学期、考核、升级、毕业、教学、实验、课外活动等，因此学校工作是有规律、有运行秩序的。就教学而言，则连突发与指令性工作也排除了，它必然遵循课堂教学规律进行，依照学期长度、教学周数、教学时数、教学内容、教材章节，并依据学科特点、学生年龄特征和接受水平有序地进行教学，因此教学更具有规律性。把握事物的规律，使事物按照自身规律依序、和谐地进行，是一种科学，所以课堂教学常规的建立与实施，必须以把握学校工作、学科教学的规律为前提。

（2）规范性

规范是一种标准，是一种合乎科学的要求，亦即"这样做就对，那样做就不对"的限定。常规的规范性是十分重要的，常言说"没有规矩不能成方圆"，在教学中可以说没有规范性的常规管理，就没有科学合理的教学。学校工作或学科教学的规律，首先表现在各个环节的有序衔接和相关各环节的实际操作等方面，而在每一环节的操作当中，又有若干具体的，甚至是琐碎的事情要做，这些工作是年复一年、日复一日地反复去做的，而恰是经由反复实践，使教师对工作的顺序、步骤和要求大多已了然于胸，那么其就完全可以对工作的环节、具体的事项以及琐碎的方面提出规范的要求。

2. 大数据环境下建立教学常规的方法

（1）建立教学常规的依据

①依据教学规律

教学是一个特殊的认识过程，它是由教师面对众多的学生，通过教科书，把知识技能（人类总结的生存斗争经验），以科学的精神，启发、引导，理论结合实际地传授给学生，并对其进行技能的训练。从学生方面来说，不同年龄段的学生有不同的心理特征与认知特点；从教师方面来说，则必须通晓不同年龄段的学生心理特征与认知特点，并将知识的讲授与技能的训练纳入自己的教学系统。全部的教学活动都有其自身的规律，而建立教学常规正是为了实施科学和艺术的教学管理，因此教学常规的建立必须符合大数据环境下的教学规律，亦即只有依照教学规律建立起来的教学常规才是有效的。

②依据学科特点

不同的学科有不同的特点，仔细研究起来，不同学科的课堂教学其差异也是很大的。从学科的知识体系、研究对象，到教学内容、方法手段，各门学科均有它们各自的个性。因此，建立学科的课堂教学常规，必须显示学科教学的特点，它在治学精神、科学态度、操作程序与纪律要求方面必须做出明确的规定与恰如其分的要求。这样做，完全是由学科课堂教学的特点所决定的，而符合学科特点的教学常规才是切实可行的。

③依据大数据环境条件

教学常规的建立，必须依照各地各校具体的大数据环境条件，过分理想化往往会脱离实际。因为我国幅员辽阔，各地各校的设施、设备条件差异很大，因此在建立课堂教学标准时，不能不考虑各地各校的环境条件。然而，这只是就一方面而言的，另一方面，则要求必须具有那些基本性、原则性内容。这就是说，教学常规的建立既要坚持科学性、原则性，又要适应各地各校的不同环境条件，具有一定的伸缩性与适应性。

（2）建立教学常规制度的步骤

习惯上的认识，往往以为规章制度是由上级部门、负责管理者制定的，而群众只有遵守与执行的份儿。其实，科学的管理、艺术的管理，却强调着接受管理者的参与性，亦即在建立常规的过程中，要使接受管理者真正明白每一条制度限定的道理，从而增强他们遵守常规的自觉性，这才是一种管理的艺术。因此，建立教学常规制度可采取以下步骤：第一，根据科学性原则及学科特点，将规范化的要求拟成条文；第二，把作为草稿的制度向学生及有关人员宣讲，唤起其参与热情，以使常规更为完美；第三，形成常规定制度稿并贯彻实施，在实施过程中及时收集反馈信息，做进一步改进。

（二）大数据环境下高等教育图书馆创新管理

1. 大数据环境下图书馆创新管理的含义

大数据环境下创新管理是指组织管理者结合组织内外环境和人员因素，进而引导组织成员进行知识、技术、产品革新方面的创造过程，激发其思维创新能力，并构建一个符合创新要求与现实需求的文化框架，利用新思维、新手段追求组织的长足发展。因此，创新管理不仅要求组织领导者具有创新意识，还要求其能够结合现实情况为组织成员创设创新环境，鼓励组织成员积极为组织管理提出合理化建议，激发组织成员的创新潜力和创新精神，进而为形成创新的组织文化提供保障，增强组织的整体竞争力。大数据环境下图书馆的创新管理具有两方面内涵：一方面，从宏观角度上看，图书馆的创新管理包括图书馆危机管理、营销管理、分布式管理等多种管理理念与手段。宏观角度的创新管理与管理创新从本质上看是一致的。另一方面，从微观角度上看，创新管理是采用全新的思想和手段对图书馆工作进行管理，既要求管理思想手段的创新，又要保证管理环境的创新，并且需要图书馆内全员参与，共同决策。因此，在对图书馆创新管理进行探讨时，应注重从宏观与微观相结合的角度进行具体的分析和操作。

2. 大数据环境下图书馆创新管理的原则

（1）勇于突破原则

图书馆组织内部应遵循勇于突破的原则，这是创新的第一步，只有保证组织内部成员能够突破常规，抛弃固有的思想和被动的工作态度，才能够实现服务方式与工作模式的转变，进一步完善图书馆创新管理的内容与形式。

(2) 全面参与原则

从覆盖范围上看，创新管理应涉及图书馆各部门、各层级的全体成员，不仅要求图书馆管理者具有创新思想，同时基层员工也要积极配合组织的创新管理，培养自身的创新意识，以推进创新服务的实现。

(3) 沟通协调原则

创新管理需要进行细致的规划并给出合理的实施方案。对于方案中可能涉及的人力、物力、财力因素应进行多角度的衡量和判断，需要经过各部门、各层级的共同参与并进一步确认，对不合理的环节进行一定的调整。确保创新方案的确定是图书馆组织内各成员共同沟通协调产生的最佳结果。

(4) 激励支持的原则

图书馆针对创新管理而实施的激励与支持机制是保证图书馆组织人员保持创新积极性的前提。当馆内成员提出合理性创新规划时，图书馆管理者应给予充分肯定，在适当情况下可以给予人力、物力、财力方面的支持，以使创新思想得以实现。

(三) 大数据环境下高校教育人力资源管理

1. 大数据环境下人力资源管理的基本理论

(1) 增值理论

对于一个经济组织来说，人力资源就是一种投资方式，通过对人的投资，实现企业经济效益的大幅度提高，这是一种投资最小、收益最大的投资方式。这里所说的增值理论指的是人力资源的增值，即人力资源质量的提高和人力资源数量的增加。如前所述，人力资源管理是指对具有必要劳动能力的人所进行的管理，要实现优质的人力资源管理，就要进一步加强对人力资源的营养保健投资和教育培训投资。正所谓"身体是一切的本钱"，只有健康的体魄才能创造更多的劳动价值，因此企业应该为员工的身体健康创造有利条件。而教育培训投资与营养保健投资相比，对企业具有更大的意义，要想使企业中的员工提高其生产效率和生产能力，就必须对其进行相关的业务培训。社会在不断发展，生产技术和方法、管理手段、人们的观念等都在发生着日新月异的变化，因此企业要加强对员工的各种培训，以使其适应科技发展，从而为企业做出更大的贡献。

（2）激励理论

激励理论是指通过承诺满足员工的物质或精神需求和欲望，增强员工的心理动力，使员工充分发挥积极性而努力工作的一种理论。一个人的能力通常会在其工作中体现出来，在工作中其是否积极，以及积极的程度有多高等都会影响其能力的发挥。人力资源管理者在进行员工激励时，可以采取物质激励和精神激励两种方式。其中，物质激励有两种：一种是正激励，即通过工资、补助、津贴、奖金等方式提高被激励者的待遇，让他们努力工作，换取更多的物质价值；另一种是负激励，即通过罚款、扣除奖金等方式对被激励者进行刺激，让他们不要安于不利现状，要摆脱消极状态，积极为个人发展和企业发展寻求方向。而精神激励也同物质激励一样，具有两种方式，即正面精神激励和负面精神激励。所谓正面精神激励是指通过对被激励者的积极行为、良好态度、优秀业绩等进行正面评价与鼓励，在企业内部进行宣传和推广，使其进一步受到大家的尊敬；所谓的负面精神激励，顾名思义，即通过适当的批评，对被激励者形成精神刺激，激发他们奋勇向前、不甘人后的意志。在进行负面精神激励时，要把握好分寸，不能因方式夸张或言辞过激等原因使被激励者产生抵触心理，这不仅不利于员工的自我建设，更不利于企业的健康发展。

2. 大数据环境下人力资源管理的职能定位

（1）战略经营职能

人力资源管理是组织战略的重要内容，它的根本任务是确保人力资源管理相关政策与组织的战略发展相匹配，最终实现组织的战略目标。大数据环境下现代人力资源管理的战略经营智能包括两个方面的内容：一方面，人力资源管理要做好战略规划和策略的选择；另一方面，人力资源管理要做好战略的调整与实施。

（2）直线服务职能

首先，人力资源管理者是最熟悉国家有关劳动和社会保障方面法律法规问题的人，因此应该指导和帮助业务部门严格遵守组织内部及国家在人力资源管理方面的政策、规定，并严格按照规定处理关系、安排工作。其次，人力资源管理者的主要工作内容就是针对组织的用人需求，进行人员的规划、招聘、考试、测评、选拔、聘用、奖励、辅导、晋升、解聘等工作，因此应该发挥自身优势，对相关部门处理员工的任用培训、辅导、劳动保护、薪酬分配、保险福利、合理休假、退休办理等各种事项及时给予帮助和指导。最后，由于矛盾是普遍存在的，只要有人的地方就免不了产生各种纠纷，尤其是在涉及个人利益时，更是纠纷不断。在一个组织内部，由于立场不同以及考虑问题的角度不同等原因，会很容易导致员工和组织间发生劳动争议和劳动纠纷，这时就需要人力资源管理者对发生这类问题的部门给予指导和帮助，以助其尽快恢复正常的工作秩序。

（3）人事管理职能

人力资源管理的对象是人，因此同传统的人力资源管理一样，现代组织的人力资源管理的核心智能依然是进行人事管理，这要求人力资源管理者根据企业或组织的实际情况，设计和贯彻独具特色且科学有效的人力资源管理制度、规章以及流程。

第二节　公共安全与大数据

一、公共安全大数据概述

（一）公共安全大数据的定义和特点

1. 公共安全大数据的定义

公共安全大数据是指围绕社会公共安全需求，国家政策法规允许的，用于支持公共安全保卫的所有数据。按照数据采集方式来区分，公共安全大数据的主要数据来源有以下三类。第一类是对象被动产生的数据。这类数据主要是通过强制的法规或者各种手段，公共安全案事件涉及对象产生的数据，如宾馆住宿时需要登记身份证信息，乘坐飞机高铁需要进行安检等。第二类是对象主动产生的数据。这类数据主要是公共安全案事件涉及对象在案事件过程中，为了达到犯案目的，在犯案过程中所主动产生的数据，如同伙之间的通联数据，案发现场留下的生物特征信息等。第三类是对象自动产生的数据。这类数据主要是从对象身上自动获取的数据，如人的定位信息、车辆的定位信息等。公共安全大数据涉及的技术是指针对公共安全大数据，采用挖掘、分析、提炼等手段获取其相应的价值，并且进行有效的展示与研判的一系列技术与方法，包括数据采集、预处理、存储、分析挖掘、可视化、数据安全等过程。公共安全大数据的应用，是针对特定的公共安全大数据集，采用特定的技术方法，获取特定相关应用的有效数据价值的过程。

2. 公共安全大数据的特征

公共安全大数据具有一般大数据的特征，包含以下四个方面。

（1）数据量巨大

公共安全大数据的数据量规模巨大，单以视频监控举例，视频数据有着巨大的容积，以一个城市为例，市区内会安装多台摄像头，每台摄像头每天收集超过固定 GB 数据量级的高清视频数据。

（2）多样性复杂

公共安全大数据的数据类型多样，数据来源众多，数据模态多类。

（3）数据产生速度快

公共安全大数据产生的大多是实时性数据，需要极快的处理速度，同时由于案件的快速分析需求，对数据的分析也需要极快的速度，如视频数据，需要进行及时的处理与分析。

（4）数据价值密度低

公共安全大数据产生的大量数据是无价值的，有价值的数据往往需要及时的处理与分析。

公共安全大数据除了具有上述一般大数据的四个特征之外，还包含以下四个方面。

（1）强政策性

公共安全大数据的采集、处理、分析等过程，高度依赖于国家相应的法规政策。只有在法规政策范围允许内的数据,才可以被采集。

(2)强私密性

区别于一般数据,公共安全数据很大一部分是与对象相关的隐私数据,如地理位置信息、通联记录等。因此,公共安全大数据具有隐私性,可通过统计方法或其他数据挖掘技术来提取隐藏的信息和相关性。而提取出的价值与相关性要平衡于与公共利益、群体利益无关且个人或团体不愿意被外界所知的信息。

(3)高精准性

公共安全大数据的挖掘分析结果需要极高的精准性,公共安全事关人民群众的最高利益,因此必须做到最精准的处理。

(4)高时效性

公共安全的趋势主要为事中快速响应,事后准确溯源,事前精准预防预警,因此公共安全大数据的分析、挖掘要求极高的时效性。

(二)公共安全大数据的挑战和关键问题

1. 公共安全大数据的挑战

大数据本身是一把"双刃剑",对于公共安全行业来说,既带来了前所未有的机遇,也相伴而生了许多挑战。

大数据带来了公共安全领域数据处理成本与收益之间的矛盾。大数据的一个重要特性是海量性,而数据规模越大,必然导致存储成本的上升。由于大数据强调在全量数据中进行挖掘分析而非传统的抽样调查,因此增加了处理成本。如何快速地过滤无价值的数据,对于公共安全数据进行准确的处理是一个重要的挑战。

大数据带来了公共安全数据互联互通需求与管理体制之间的矛盾。大数据的重要特性是建立数据之间的关联,通过关联挖掘提取数据的价值。但是当前的管理体制是由于各类安全数据之间缺乏统一的标准,现有组织、部门、制度间的分割以及信息管理理念的滞后,往往会导致"数据孤岛"现象的出现。

2. 公共安全大数据的关键问题

为了应对公共安全大数据的几个挑战,我们需解决公共安全大数据所涉及的几个关键问题。第一，如何将数据由存不起转变为存得起。大数据的重要观点是对全量数据进行分析，在公共安全领域迫切需要解决数据存储安全与空间成本的问题。数据存储多久，如何存储，采用分布式还是集中式，都是亟待解决的问题。第二，如何将数据由联不通转变为互联互通。大数据的重要观点是对数据进行关联分析，然后从中获取数据的价值。由于数据类型、数据模态等多种问题，公共安全相关的数据依然无法做到有效的互联互通。如何建立数据之间的联通机制，如何对数据进行有效的关联融合，也是亟待考虑的问题。第三，如何将数据由找不准转变为找得到、看得准、挖得深。目前，对于公共安全相关的数据处理仍然缺乏非常有效的手段。例如视频，依然无法做到非常精准的对象识别，因此仍需要采用有效的数据分析手段，把原始的非结构化的数据转变为结构化的可理解、可分析的数据。

二、公共安全大数据可视化

（一）大数据可视化概念

数据可视化是关于数据视觉表现形式的科学技术研究。这种数据的视觉表现形式被定义为：一种以某种概要形式抽提出来的信息，包括相应信息单位的各种属性和变量。它是一个处于不断演变之中的概念，其边界在不断地扩大。

（二）可视化设计的视觉感知和认知

感知是客观事物通过感觉器官在人脑中的直接反映。认知是指在认识活动的过程中，个体对感觉信号接收、检测、转换、简约、合成、编码、储存、提取、重建，以及概念形成、判断和问题解决的信息加工处理过程。

1. 颜色

（1）颜色与视觉

从物理学角度而言，光的实质是一种电磁波，它本身是不带颜色的。所谓颜色只是人的视觉系统对所接收到的光信号的一种主观视觉感知。物体所呈现的颜色由物体的材料属性、光源中各种波长分布和人的心理认知所决定，因此存在个体差异。所以，颜色既是一种心理、生理现象，也是一种心理、物理现象。关于颜色视觉理论，主要存在两种互补的理论：三色视觉理论与补色过程理论。三色视觉理论认为人眼的三种锥状细胞分别优先获得相应敏感波长区域光信号的刺激，最终合成形成颜色感知。补色过程理论则认为人的视觉系统通过一种对立比较的方式获得对颜色的感知：红色对应青色、蓝色对应黄色、绿色对应品红色。这两种理论分别阐述了人眼形成颜色感知的过程。

（2）色彩空间

色彩空间（也称色彩模型或色彩系统）是描述使用一组值（通常使用3个或4个值）表示颜色的方法的抽象数学模型。人眼的视网膜上存在三种不同类型的光感受器（即三种锥状细胞），所以原则上只要三个参数就能描述颜色。例如，在三原色的加法模型（如常见的RGB色彩模型）中，如果某一种颜色与另一种混合了不同分量的三种原色的颜色表现出相同的颜色，则认为这三种原色的分量是该颜色的三色刺激值。设计人员或者可视化系统的用户经常需要为一些可视化元素设置适当的颜色，以达到用颜色编码数据信息的目的，这通常就需要一个良好且直观的界面使得用户可以直接操作、选择各种颜色。由于某些历史原因，在不同的场合下存在着不同的颜色定义方式，因而所使用的色彩空间也就不尽相同。如生活中的显示器使用的是sRGB色彩空间，而打印机使用的是CMYK色彩空间。大部分色彩空间所能表达的颜色数量通常都无法完整枚举人眼所能分辨的颜色数量，不同色彩空间之间通常存在有损或无损的数学转换关系。

2. 视觉编码原则

（1）相对性与绝对性

人类感知系统的工作原理决定于对所观察事物的相对判断。如人们通常会选取一个参照物，而将另外一个物体的长度描述为其相对于参照物长度的变化量。如果物体使用相同的参照物或者相互对齐，则会有助于人们做出准确的相对判断。另外一些实验表明，感知系统对于亮度和颜色的判断完全是基于周围环境的，即通过与周围亮度和颜色的对比获得对焦点处亮度和颜色的感知。在信息可视化设计中，设计者需要充分考虑到人类感知系统的这种现象，以使得设计的可视化结果视图不会存在误导用户的可视化元素。

（2）标记和视觉通道

①视觉通道的类型

第一种感知模式得到的信息是关于对象的本身特征和位置等，对应于视觉通道类型为定性或分类，即描述对象是什么或在哪里。第二种感知模式得到的信息是关于对象的某一属性在数值上的程度，对应于视觉通道类型为定量或定序，即描述对象具体有多少。

②表现力判断标准

第一，准确性。精确性标准主要描述了人类感知系统对于可视化的判断结果和原始数据的吻合程度。源自心理物理学的一系列研究表明，人类感知系统对于不同的视觉通道感知的精确性不同，总体上可以归纳为一个幂次法则，其中的指数与人类感觉器官和感知模式相关。第二，可辨性。视觉通道可以具有不同的取值范围，然而如何调整取值使得人们能够区分该视觉通道的两种或多种取值状态，是视觉通道的可辨性问题。换言之，这个问题相当于如何在给定的取值范围内，选择合适数目的不同取值，使人们感知能够轻易地区分。第三，可分离性。在同一个可视化结果中，一个视觉通道的存在可能会影响人们对其他视觉通道的正确感知，从而影响用户对可视化结果的信息获取。例如，在使用横坐标和纵坐标分别编码数据的两个属性的时候，良好的可视化设计就不能使用点的接近性对第三种数据属性进行编码，因为这样的操作对前两种属性的编码产生了影响。

③视觉通道的特性

第一，平面位置。平面位置是视觉通道中唯一的既可用于分类，又可用于定量或定序，此外还可以表示分组类型数据的接近性的视觉通道，因此平面位置是视觉通道中最特殊的一个。所以，使用平面位置来编码，哪种数据的属性是设计者需要首要考虑的问题，这会直接影响用户对可视化结果的理解。平面位置中包含水平位置和垂直位置两个视觉通道，由于受到真实世界中重力因素的影响，人们对垂直位置的感知会比对水平位置的感知更加敏感。第二，颜色。颜色包含色调、饱和度和亮度三个视觉通道，其中色调属于定性的视觉通道，而饱和度和亮度则属于定量或定序的视觉通道。这三种视觉通道在使用时都要注意与其他视觉通道相互影响的问题，色调在小尺寸区域和间断区域中比较难区分，而饱和度和亮度的识别则会受到对比度的影响。颜色是所有视觉通道中最复杂的一个，因此在可视化编码中也是最常用的视觉通道。在可视化设计中，颜色除了需要考虑以上三个视觉通道以外，还需要考虑配色方案的设计。配色方案往往会影响可视化结果的表达和美观性，一个好的配色方案不仅能很好地展现出所需的信息，而其在视觉上所带来的美感也可促使用户对可视化结果进行进一步探索。第三，斜度和角度。斜度可用于分类的或有序的数据属性的编码。斜度，也就是方向或角度，在其定义域内并非是单调的，即不存在严格的增或减的顺序。在二维的可视化视图中，它具有4个象限，在每一个象限内可以被认为具有单调性，从而适合于有序数据的编码。也正因如此，斜度也可以通过4个象限的区分来对分类的数据进行编码。第四，纹理。纹理可以被认为是多种视觉变量的组合，包括形状、颜色和方向。简单的纹理被广泛地用来区分不同的物体。纹理通常用于填充多边形、区域或者表面。在三维应用中，纹理一般作为几何物体的属性，用来表示高度、频率和方向等信息。同样地，对于二维的物体图形，可以通过使用不同的纹理来表示不同的数据范围或分布。形状的变化或者颜色的变化都可以用来组成不同的纹理。

（三）跨媒体数据可视化

1. 图像

图像是日常生活中最常见、最容易创造的媒体，数字化图像的规模和增长速度都达到了空前的规模。图像适用于表现含有大量细节（如明暗变化、场景复杂、轮廓色丰富）的对象，对于图像数据的可视化可以帮助用户更好地从大量的图像集合中发现一些隐藏的特征模式。

（1）图像网格

图像网格指根据图像的原信息对图像按二维数组形式排列，形成一张更大的图像。图像网格方法实现简单，但选择图像和排列图像的过程不仅需要符合数据特性的转变方式，还需要处理一些关键操作，如合理安排可视元素凸显用户难以直接观察到的信息模式等。

(2) 时空采样

对图像或图像序列的部分内容或区域进行时域或空间域的重采样，并呈现的方法统称为基于时空采样的图像可视化。其中，时间采样指根据图像序列源信息中与时间或者顺序相关的属性（图像上传时间、视频帧序号、连环画页码）从图像序列中挑选出子序列进行重采样并显示。这一方法对文化艺术作品的展现特别有效。本质上，时间采样与视频流摘要的思想相似，后者自动生成有代表性的图像集来简洁地概括整段视频的内容。时间采样的一个有趣的例子是平均化技术：将同一时间段内同一上下文的图像进行平均，以此呈现这一时间段的概括性视觉特性。空间采样仅对每张图像中的一部分内容进行显示。相比于图像网格，这种显示方式能更有效地利用空间。

(3) 基于相似性的图像集可视化

当图像数量增加到数千甚至上万张时，需要有效的搜索和可视化算法来显示图像之间的关联性和结构特征。关联性往往通过计算图像内容、文字描述或者语义注释中特征的相似性得到。基于相似性的图像集可视化系统设计包含三个步骤：第一，数据预处理；第二，映射，将图像从数据空间（图像特征）映射到可视空间中，以二维视图方式显示，此时，图像集合对应于二维空间中的点集，且尽量保留图像之间的特征；第三，交互，用户交互选择感兴趣的图像并给出反馈。

2. 视频

一方面，视频的获取和应用越来越普及，如数字摄像机、视频监控、网络电视等，存储和观看视频常采用线性播放模式。但是在一些特殊的应用中，如对视频监控产生的大量视频数据的分析，逐帧线性播放视频流既耗时又耗资源。另一方面，视频处理算法仍难以有效地自动计算视频流中复杂的特征，如安保工作中可疑物的检测。此外，视频自动处理算法通常导致大量的误差和噪声，其结果难以直接用于决策支持，需要人工干预。因此，如何帮助使用者快速准确地从海量视频中获取有效信息依旧是首要的任务挑战，而视频可视化恰好为理解视频中的规律提供了帮助。

视频可视化旨在从原始视频数据集中提取有意义的信息，并采用适当的视觉表达形式传达给用户。针对每个类别的视频，可视化设计需要考虑多个不同方面：处理的视频类别区别于其他类别的特点，如何充分利用这些线索，以便更好地浏览或者探索视频；是否存在工具计算、浏览、探索视频内容；使用优化的方法浏览、探索视频的核心内容。

3. 声乐

声音是能触发听觉的生理信号，声音属性包括音乐频率（音调）、音量、速度、空间位置等。人类语言的口头沟通产生的声音称为语音。音乐是一种有组织的声音的集合，由声音和无声组成的时序信号构成的艺术形式，旨在传达某些讯息或情绪。音乐可视化通过呈现各种属性，包括节奏、和声、力度、音色、质感与和谐感来揭示其内在的结构和模式。声乐可视化往往与实时播放音乐的响度和频率的可视化联系在一起，其范围从收音机上简单的示波器显示到多媒体播放器软件中动画影像的呈现。五线谱实际上是音乐可视化的典型代表，它采用蝌蚪符表达音律。

（四）可视化展示手段

1. 指挥大屏

指挥大屏的特点表现为高分辨率、跨平台显示需求，大屏幕系统主要用于共享信息、决策支持、态势显示等功能的直观显示，为指挥中心的决策提供现代化、直观有效的显示手段。可视化大屏系统的核心变化是：视频内容会经过智能处理，被分离出更多的元信息且这些元信息能够得到有效的组织；大屏系统会接受更多非视频传感器提供的数据信息，并以智能处理技术实现量化定义，这些非视频传感器信息会与视频信息、视频智能处理得到的元信息进行逻辑结构重建，并获得更深层次的数据关联。

2. 移动终端

目前，公安行业的通信系统已具备相当规模，视频监控、视频会议系统都已基本建设完成，但需要同时配备可兼容各系统平台，能够实现无缝对接并具备实时双向视频互通的移动执法终端，方可建设完成全方位的智能执法体系。可视化终端在公安移动执法中突破传统实时可视化通信，通过终端可以实现群组通信、点对点通信、多方协同通信、位置显示、位置回传、拍照摄像等功能，实现便携执法、智能可视通信、一键应急等综合应用，从而完善日常警务处理能力，提升日常警务处理效率，达到即时可视化警勤管理。

（五）可视分析系统框架设计

可视分析是通过交互式可视化界面提升分析推理的学科。可视分析结合自动的分析技术，基于大量、复杂的数据集，通过交互式的可视化方式高效地理解、推理和决策。人机交互的可视分析框架包括两个部分：计算机系统和分析者，并且人与计算机之间没有明显的分割，两者对于数据分析都是必需的。该可视分析框架共包括三个循环：探索循环、验证循环、知识生成循环。

三、公共安全大数据采集、分析及处理

（一）公共安全大数据采集

1. 数据采集

数据采集，又称数据获取，是指从传感器和其他待测设备等模拟，以及从数字被测单元中自动采集信息的过程。新一代数据体系将传统数据体系中没有考虑过的新数据源进行归纳与分类，可将其分为行为数据与内容数据两大类。

2. 采集对象和手段

（1）采集对象

①人

人员信息库，汇聚各人员信息；轨迹信息库，汇聚各轨迹信息；音视频图像结构化信息库，主要是音视频结构化信息；生物特征库，主要包括人的主要生物特征，如虹膜特征、视网膜特征、面部特征、声音特征、签名特征、指纹特征、体貌特征等。

②物

车辆信息库：汇聚车辆登记信息、车辆卡口信息、车辆违章信息等车辆相关

信息。

③事件

对事件的信息主要收集以下信息：时间、地点、人员、组织、舆情、其他关联信息等。

（2）采集手段

①人工采集

人工采集主要指通过人工的方式，不借助或者少借助相关设备进行数据的采集，如用调查问卷的方式、填表格的方式等进行数据的采集。

②设备采集

第一，音视频采集装备。公安数据的音视频采集装备包括警用单兵设备，如执法记录仪可以对音视频数据进行采集。监控摄像头可以采集相应的视频数据。第二，生物特征采集装备。生物特征包括人脸、虹膜、指纹、掌纹、DNA等信息。采集的装备一般属于专用的设备，如人脸、虹膜一般采用图像的方式进行采集，多为非接触设备。指纹、掌纹等信息需要对对象进行接触式的采集。第三，空间信息采集装备。空间信息的采集是空间信息处理与分析的前提和基础，准确获取空间信息原始数据对正确分析实物的空间特征和运动规律十分关键。空间信息采集装备主要包括全球卫星导航系统、摄影测量系统、三维激光扫描系统、遥感与遥测系统等。现代空间信息采集装备产生了海量的空间信息。因此，对海量空间信息的处理与分析，需要采用大数据与人工智能技术。

（二）公共安全大数据分析

1. 公共安全大数据分析挖掘分类

（1）人工分析

人工分析主要指具有领域知识的专家或者行业经验较为丰富的从业人员，对数据进行分析，采用经验或者知识分析出相应的有价值的信息。在信息化不普及的时代，人工分析为主要的方式。在公共安全大数据时代，人工分析依然占有相应的地位，如在颅骨分析，用户外貌特征画像分析方面，有经验的人员依然具有较高较准确的分析水平。

(2) 智能分析

信息时代，人们在日常的生活工作中每天都要面对浩如烟海的信息，如何从这些信息中找到对自己有用的信息，是大家共同面对的问题。借助于人工智能等技术手段，智能分析的应用可以提供强大的帮助，能够让人们从纷繁芜杂的信息中找到真正有用的信息。

(3) 辅助分析

辅助分析类似于人工分析与智能分析的结合，即采用较为先进技术手段，对人工分析提供相应的数据或者服务的支撑。例如，警用PGIS系统可以辅助人工分析，对对象的轨迹、位置等信息进行可视化的展示。

2. 公共安全大数据分析挖掘技术

(1) 时空分析技术

①高性能时空大数据存储

时空数据是一种多维数据，它的结构非常复杂，同时拥有空间和时态特征，它不仅能够正确地反映事物的时空位置状态和时空变化过程，而且能正确地反映出事物的过去、现在和将来的状态。高性能的时空数据存储方法是存储、管理时空大数据必备的技术，主要研究时空数据模型和时空索引。

②时空大数据分析

时空大数据分析包括：时空变化探测、时空格局识别、时空过程建模、时空回归和时空演化树等分析，具体如下。

a. 时空变化探测。探测空间统计量随时间的变化序列，将时空变化看作是空间分布随时间的变化，在每个时间点分别做空间统计，如几何中心、最近邻距离、半变异系数、空间回归系数等，均可做时间维度分析。

b. 时空格局识别。时空格局是指事物属性的时空规律性，能够被人类智力理解、掌握和预测。

c. 时空回归。回归的目的是寻找因变量（y）和自变量（G）的关系，对经典回归或空间回归模型进行简单延伸即可得到时空回归模型。

d. 时空过程建模。当以时空过程机理清晰和主导时，可以据此建立时空过程的数学模型，相对于统计模型而言，过程模型反映运动本质，容易解释，用于仿真和预测。不同的过程具有不同机理，因而有不同的模型，这种不同体现在模型机理不同，或者模型形式不同，或者变量不同，或者参数不同。

e. 时空演化树。时空演化树的核心理念是：个体状态变化形成状态空间的演化路径，多个个体的演化路径产生状态空间的层次结构，用状态变量刻画。状态变量可以通过人类知识经验获取，也可以通过统计聚类获取，从而得到群体的演化规律，预测个体下一个状态。

（2）视觉信息分析技术

①目标分割

在实际的视频场景中，视频对象体现为一个或者多个区域的集聚，代表了某些拥有特定语义的区域集合。在视频序列中，我们可通过一些技术手段把人们感兴趣的若干个物体从视频场景中提取出来的过程，就是视频对象提取或分割。这些物体一般具有重要特性或某些一致属性，如在亮度、色彩、运动特性以及形状方面具有一致性或拓扑结构相关性。从操作上来说，对视频序列或图像按照一定的标准分割成若干区域的过程就是视频分割。简而言之，就是通过某些手段和方法把待分析的视频按照需要截取分割，获得需要的部分。视频分割的目的在于从视频序列中分离出视频对象，这些视频对象都是具有一定意义的实体。人眼能够很容易分辨相应的语义对象，但是对于计算机来说，目前还不存在一个通用的完全与对象无关的视频分割方法。在实际应用中，视频分割应用往往根据具体的要求采用不同的技术。如对于非实时分割场合，离线式的车牌识别和人脸识别，分割的要求是视频对象轮廓较为精准；对于实时分割场合，如在线的移动目标分割，则对轮廓的精准性要求不是那么严格。

②目标跟踪

对于一个运动检测系统而言，在完成对运动目标的检测后，还需要对运动目标进行跟踪。运动跟踪就是在图像序列的每一幅图像中定位找出位置，用以对运动进行估计。

(三) 公共安全大数据处理

1. 数据降维与压缩

（1）降维技术

数据降维的传统方法是假设数据具有低维的线性分布，代表性方法是主要成分分析和线性判别分析。两种算法已经形成了完备的理论体系，并在应用中发挥出良好的效果。但由于现实数据的表示维数与本质特征维数之间存在非线性关系，所以近几年来由斯特罗维斯等人提出来的流形学习方法，逐渐成为此领域的研究热点。流形学习方法假设高维数据分布在一个本质上低维的非线性流形上，在保持原始数据表示空间与低维流形上的不变量特征的基础上进行非线性降维。因此，流形学习算法也被称为非线性降维算法。其中代表性算法包括局部线性嵌入算法、局部切空间排列等。流形化的学习从最初的非监督学习扩展到了监督学习和半监督学习，流形学习也成为机器学习相关领域的一个热点。

（2）压缩感知

随着信息和数据量的剧增，研究者基于数据稀疏性提出一种新的采样理论——压缩感知，使高维数据的采样与压缩得以成功实现。只要数据在某个正交变换域中或字典中是稀疏的，那么就可以用一个与变换基本不相关的观测矩阵变换所得的高维数据投影到一个低维空间上，然后通过求解一个个优化问题，从这些少量的投影中以高概率重构出原数据，可以证明这样的投影包含了重构数据的足够信息。假设一个数据是可压缩的（原始数据在某变换域中可快速衰减），则压缩感知过程可分为两步：数据的低采样、数据的恢复。

2. 数据清洗

在大数据平台实际处理数据的过程中，从各种来源汇聚的海量数据存在以下问题：一是不同数据来源的数据格式定义并不完全相同；二是不同途径获取的数据存在重复、相互关联，甚至相互矛盾的数据；三是非结构化数据中存在许多可用于关联分析的线索，但因其存储空间大、保存时间短，难以充分有效发挥作用。针对以上情况，数据存入数据中心之前，需要进行预处理，即对数据进行数据比对、多源虚拟身份整合、非结构化数据的结构化线索抽取、垃圾过滤、格式清洗、数据关联和属性标识、数据去重等操作，提高数据中心中数据的质量和关联性。

数据清洗过程包含以下处理过程：第一，数据比对。根据指定规则逐条比对各类有特定关键词匹配要求的特定对象或重点人员。一旦发现中标数据，按照指定规则为数据设立标识。第二，多源虚拟身份整合。按照指定规则，对虚拟身份数据进行归并、去重。第三，非结构化数据的结构化线索抽取。抽取全文数据中的关键性结构化信息，提高现有全文数据的利用价值，如提取全文数据中的人名、地名、身份证号（护照号）、电话号码、网络账号、车牌号、银行账号等信息，并将这些结构化数据关联存储。第四，垃圾过滤。按照用户定制的垃圾过滤规则，以内容过滤为主，对原始数据（如垃圾邮件等）进行分析过滤。第五，格式清洗。按照用户定制的规则支持对不完整、无效数据予以丢弃并记录日志；按照统一的数据标准，对数据格式进行转换处理。第六，数据关联和属性标识。按照用户定制的规则对各类数据进行关联分析，并将数据来源前端来源地等作为数据属性进行标识。第七，数据去重。将不同来源的数据进行综合去重处理，基于重复判定规则，将内容相同的全文数据进行合并。

第四章 大数据在相关领域的应用

第一节 大数据技术在审计监测中的应用

在大数据技术的支持下,内部审计通过审计监测平台,利用采集的业务系统和管理信息类系统数据,建立关键风险监测指标和重要审计模型,以多样化和灵测,有利于及时、有效揭示事前、事中及事后等各环节存在的主要问题和业务风险。在此基础上,建立分析和预警模型,审计监测将实现数据量化预测,加大早期风险事项的揭示力度,预判业务经营持续发展的趋势,及时发现业务发展中存在的漏洞和风险苗头,为银行经营高层制定决策提供数据支持,促使审计关口由事后向事前、事中延伸,增强对审计风险的前瞻性和预判力。

一、动态审计调查的大数据应用实践

在大数据环境下,银行的业务处理信息以电子数据形式被记录、存储。审计人员要充分应用各类可获取的数据,分析影响主要业务、客户、产品风险的不同因素,发现风险在不同敞口间的传递规律,形成一套工具,及时、有效地监控各类潜在风险,实现动态审计,识别银行经营管理中的突出问题和经营难点,及时预判潜在风险。

动态审计调查是针对全机构开展的常态化审计监测,其监测业务范围覆盖全部业务和产品,并通过对全机构、全业务、全产品、全时间的持续监测,全方位动态捕捉各类重要风险信息,分析和研判银行经营管理中的潜在风险、内控缺陷

和经营短板。其难点在于如何从战略上构筑审计的"雷达防御系统",实现"经营数据、无缝对接""风险隐患、动态关注"。

在引入大数据思维和技术以后,我们可通过对数据的快速获取、动态处理和深度挖掘,及时、连续、灵活地开展对机构和业务的持续关注,构建以全量数据的关联和动态分析为基础、以风险为导向的全新监测模式。我们可结合关键业务、关键环节监督,自动触发专项分析和预警,逐步实现全机构、全业务、全产品、全天候的动态审计调查,有效识别和跟踪分析经营管理中的重要风险、内控缺陷和经营短板,弥补单个审计项目的不足,实现"精确制导、准确检查、有效监督"。

(一)数据分析应用路径

动态审计调查以全面监测为主,通过不断完善各环节,为未来开展风险趋势分析及风险预测提供基础性信息,与各类审计项目保持高度互补和联动,做到方式、技术、成果等相互渗透和利用,助力经营机构提升整体风控水平。

1. 体系构建和模型监测

一是整合构建多维指标集。在梳理现有影响经营机构价值持续增长关键风险点的基础上,我们要整合银行内部数据、外部数据和审计中间数据等不同类型信息,按功能作用和内涵大小的不同,划分为主要业务类指标和灵活辅助类指标。主要业务类指标来源于外部环境信息、相关业务台账、主要经营管理情况等,灵活辅助类指标来源包括账务数据、账户信息、关键岗位员工和控制账户等信息,通过内在业务逻辑关系串联不同维度数据,建立指标体系框架,形成以主要业务类指标为主、以灵活辅助类指标为辅的指标集。

二是创建监测模型体系。贴合动态审计调查的需求,依托审计监测平台,审计人员可利用数据挖掘和分析技术、软件或工具,对可利用的内部数据源、审计中间数据等数据资源,创建各类模型,形成动态审计调查中完备的基础类、标签类、疑点类、查证类和分析类工具模型群,并针对成熟的审计模型体系,通过系统定期运行,形成审计疑点中间表,建立疑点使用控制机制,确保每个疑点数据经动态审计调查后,必有结果反馈,供其他项目共享和复用,提高作业效率。在一定技术条件下，我们要通过对数据式审计平台功能的进一步完善，运用机器学习等前沿技术，提取对应的关键风险，全面实现审计模型的自动设计、自动运行、自动分析和自动处理，并自动生成分析结果。随着自动化工具业务覆盖率的提高，直至其达到全样本和全角度覆盖，将有助于审计人员识别多维度的潜在风险点。例如，从资金流向、客户基本情况、客户财务信息等多个方面分析影响小企业贷款质量的因素，并形成一套模型体系。又如，我们可根据小企业实际控制人的信用卡、个贷风险特征，监测小企业贷款风险情况，防止风险在不同敞口间相互传导。

三是建立指标和模型的迭代更新机制。用于监测的基础指标与模型体系要想针对基础指标，建立数据积累、更新和整合机制，就要通过优化审计管理系统，建立业务信息跟踪机制等方式，实现对产品创新、流程变化、系统投产和功能变动等信息的及时掌握，以实现基础信息的通畅获取、自动归集整合。随着审计动态调查的持续开展，实现基础信息、过程信息、成果信息的积累，审计的"时间"跨度得以延伸，为未来开展风险趋势分析及风险预测提供基础性信息，与各类审计项目保持高度互补和联动，做到方式、技术、成果等相互渗透和利用。针对模型体系，首先，我们应定期运行监测体系模型，定期加载数据，运行模型体系及相关辅助分析工具。其次，我们应持续优化监测模型，完善审计监测分析模型收集、整理及维护机制；按统一标准自动收集历次审计活动中形成的有效模型；按不同标准自动整理归类，定期校准和维护。最后，我们应动态补充监督事项，提早识别违规苗头，新建模型纳入监测体系，并同时根据风险程度和核实结果，更新监测事项。

2. 多维分析和风险透视

我们要根据银行业务经营管理的总体思路，按行业、产品、客户、区域、营销和绩效管理等多个维度进行综合分析。我们还要从关键风险指标入手，结合相关内部控制标，以及宏观经济指标、同业指标等外部监测指标，分析客户所在行业、产品、区域的整体风险及变动趋势。

我们要利用总量分析，摸清信用风险底数；利用结构分析，查找风险高发的具体部位，从整体上展示不同的机构层级、区域、业务的风险状况；利用比较分析，研究政策调整的影响因素；利用趋势分析，预判未来潜在风险变化情况。

我们要通过深入分析异常变动原因，锁定相关行业、产品、区域的风险高发客户群体。例如，宏观指标显示钢材市场业绩不佳，钢贸圈"跑路""断流""破产"等负面消息接连不断，我们就要根据动态审计调查结果，将钢贸客户列为高风险客户进行持续监测，以加强对该行业的风险监控。

我们要建立量化风险评估体系，准确识别客户风险状况，并创建"审计发现、预警信息、模型疑点、客户经营状况、财务状况、资信状况、债项信息以及其他能够反映客户偿债能力信息"八个维度的风险评估指标，建立相对规范、科学的风险评估体系与评估流程，量化客户风险，提升风险评估成效。

3. 分散核查和动态核实

我们要将模型运行出的疑点作为中间数据，及时导入审计监测平台。在对其进行初步分析的基础上，我们要按重要性区分为重要疑点和一般疑点。重要疑点是指符合动态审计调查目标的疑点，一般疑点是指不符合动态审计调查目标的疑点，包括因明显误操作而导致的错误数据。

4. 触发预警和自动报告

对于审计监测过程中发现的重大违规问题、案件线索、重大风险事项、重大控制缺陷、重大管理等问题，其通常以常态报告的形式按规定路线及时上报。

（二）特色效果

1. 审计范围体现全面覆盖

随着数据式审计的推进，各类数据能够被审计充分利用和分析，可以覆盖整个银行各个机构。因此，动态审计调查可实现对各级机构、各类业务的外部环境、产品创新、业务运营、风险状况、系统建设等方面的全面关注，定期或实时形成全机构、全业务、全产品、综合的全天候自动化分析和监测，以及时提示重要风险预警信息。

2. 作业方式趋向自动远程

基于大数据技术的特性，我们可借助审计监测平台，采取"数据驱动、自动运行、统一分析、分类核查"的审计模式,能集中做的,就尽量不分散做;能用系统做的,就尽量不人工做;能非现场远程实现的,就尽量不去现场,逐步形成较为完整的远程审计运行工作机制,推动审计运行方式实现质的飞跃。

3. 审计成果提升共享水平

对种类、业务类别、客户类型等进行整理,有助于我们开展风险评估和审计项目等其他内部审计活动。监测结果及其过程数据,可为风险评估提供动态化的基础数据,为审计项目立项和方案制订提供依据,为审计对象和审计重点的确定提供帮助。

二、风险预警监测的大数据应用实践

风险预警监测是以信贷客户的业务数据为基础,构建信贷客户预警评价指标体系,预判其经营风险并实施持续跟踪监控,以及时向经营管理层提出整体解决方案,帮助其及尽早防范和化解客户风险,将风险转化为损失的可能性降至最低。由于审计技术等方面原因,以往的内部审计更多体现为事后监督,风险预警功能体现不足。大数据环境下的内部审计,通过对数据相关性的综合判断,实现数据量化预测模式,预测客户持续发展的大趋势,以此及时发现业务发展中存在的漏洞和风险苗头,或据此提出可供经营管理层做出战略决策的审计意见,促进内部审计成果的价值转化。

而风险预算监测可提前发现信贷客户由于政策变化、市场变化、经营变化而产生的风险预警信号。其难点与特点是需要建立一套科学、合理的风险预警评价体系,充分运用大数据分析技术,设定指标和线索阈值,寻找预测信息,揭示隐藏的、未知的或验证已知的规律,提前预警每个信贷客户"变坏"的可能性。

大数据分析在风险前瞻预警领域的实践,有助于促进审计提升风险识别能力,实现从事后分析到前瞻预判的转变,使内部审计促进机构改善风险管理的能力跃上一个新台阶。

(一)数据分析应用路径

从信贷风险发生、发展的规律来看,信贷客户在形成违约之前,一般都会出现风险预警信号，对这些信号发现得越早，可采取的措施越多，风险处置化解的效果越好，最终形成的损失就越少。针对上述贷款，某行内部审计参照企业破产预警理论，运用审计分析平台，整合银行多个系统数据资源，通过对不同业务流程及相关系统数据结构进行分析，定义信贷客户的相关指标，并编制模型群组，建立"企业经营状况定量分析""企业重大风险事项定性评价"两大核心模块，再通过风险分析整合工具，形成对公信贷客户分类预警名单，为不良资产的提前应对、化解争取了宝贵的时间，提升风险防范的有效性。

1. 提取风险特征

一是要找经营风险特征。系统通过综合分析客户投融资活动信息、生产经营活动信息，识别客户经营稳定性、产品活跃度、市场发展潜力、风险抵御能力等风险特征，例如客户交易量、回笼资金等在分析期间内是否出现了"上蹿下跳"不稳定性特征。

二是识别重要风险信号。系统结合以往不良贷款数据，通过梳理、分析客户内外部的信息，建立指标识别客户的信誉风险、资金风险、输入风险、市场拓展能力风险、短期偿债能力风险等高风险预警信号，例如分析期间若企业通过筹借"过桥"资金办理回收再贷，则通常含有较为明显的资金风险信号。

三是总结风险传导规律。系统以不良贷款客户为风险传导源头，利用银行内部数据和Wind资讯系统债券市场等外部数据，聚类分析不良贷款沿资本链、供应链、担保链、产品链以及多链叠加传导的集中影响客群，归纳出传导客户群体、风险传导速度、风险传导强度的规律及特征，为实施精准阻断提供参考和借鉴。

2. 量化风险值域

在定量分析企业经营状况风险、定性识别客户重要风险事项、跟踪风险传导的基础上，通过权重拟合、量化处理，得出单一对公信贷客户的整体风险等级和风险传导等级。

一是量化单一客户整体风险。该分析根据客户风险特征和重要风险事项，得出单个客户企业经营情况、企业重大风险事项两个风险值，并按照大小排序，分别确定企业经营风险分级预警名单及企业涉及重大风险事项风险分级预警名单。

二是量化易被传导客户风险。该分析以对公信贷客户整体风险预警客户作为风险源，根据资本链、供应链、担保链和产品链风险传导速度和传导强度，设立传导权重，对易被传导客户风险赋值并划分等级，形成预警信用风险传导分级客户名单，并根据传导概率，识别通过资本链、供应链、担保链和产品链等易被传导的客群。

3. 绘制风险视图

通常以对公信贷客户预警名单及其风险传导客户名单为基础，运用趋势分析工具，绘制涵盖信用风险区域、行业分布特征和风险传导趋势的全景风险视图。

在分析并确定风险预警名单基础上，其运用聚类分析方法，从区域、行业等维度，总结风险分布情况，勾画银行潜在信用风险概貌，形成风险热图。

其运用风险传导量化工具和分析确定的风险预警名单，确定风险传导分级客户名单，并从行业、区域等维度，总结客户分布情况，识别传导趋势。风险传导分级客户名单与风险热图共同构成了全景风险视图。

（二）特色效果

1. 预警结果更加科学

通过运用大数据技术和方法，其有效提升了审计结果的准确性。大数据预警体系提出的风险客户名单中，由经营管理部门重检确认为风险客户的占比高达七成以上。在风险确认后的几个月内，近四成的风险预警客户贷款由正常转为不良，部分风险预警客户贷款已进入核销、转让等资产保全程序。

2. 预警时效大幅提升

在全量风险预警客户中，将风险预警时间与贷款到期日相比，提前 1～3 个月、4～6 个月、7～9 个月、9 个月以上预警的客户占比，分别为 29%、17%、20%、34%，为业务部门多争取了平均 6 个月的风险应对、化解时间。

3. 审计价值愈加凸显

经营管理部门充分运用预警体系提供的风险客户名单，快速反应，及时制订信贷退出计划，取得良好效果。以某银行为例，该行经营管理部门参照审计提供的预警客户名单，采取提前清收贷款方式，挽回潜在风险信贷资金达数亿元。

三、经营管理全景视图监测的大数据应用实践

经营管理全景视图分析是通过对经营机构主要业务的综合分析，充分体现各机构经营管理全貌，分析经营机构业务发展优劣势，查找业务发展中风险相对集中、管理相对薄弱的部位，揭示制约业务发展的主要因素，提出具有前瞻性和可操作性的审计建议，促进经营机构进一步强化风险管理、完善内部控制、挖掘此类审计活动的难点在于通过什么样的方法体系，准确、真实地对银行经营"画像"，对审计对象做出全面、客观的审计意见与评价，如何通过"勾勒线条、填充颜色、描绘细节"，描绘出银行独有的经营风格、风险偏好、内控特色等。

利用大数据多维分析技术，基于全量数据进行综合分析，从经营结果指标下钻至过程指标，再至行业、产品、客户、渠道等底层业务数据，进行多层次、多维度比较和趋势分析，能帮助审计人员了解审计对象全貌，全面透视其业务，有助于确定"风险业务"与"风险机构"，把握整体经营管理、风险管理和内控管理状况。

（一）数据分析应用路径

针对银行的业务状况、经营指标的总体及变化情况，利用多维分析工具进行分析，并进行风险评价，具体包括经营总体状况、业务发展分析、效益发展分析等；运用多种数据展示手段，合理使用统计表、柱状图、折线图、三维图形等整理归并，使得不同区域、机构、业务的发展质量、资产质量、经营效益展现更为直观可读，并帮助高级管理层及时全面了解相关状况，为其提供强有力的经营管理决策支持。

（二）特色效果

1. 经营管理全貌展示

银行机构的经营管理分析中涉及大量的结果指标、过程指标，而且相互间关系复杂，依靠传统的Excel透视表是很难展现的。在大数据可视化分析工具的帮

助下，经营管理分析能够直观地呈现数据特点，展示数字间勾稽关系的趋同或背离，更容易客观、完整描绘经营管理的全貌。

2. 隐形短板无所遁形

相较于针对具体业务的审计项目，通过经营管理全貌的分析，审计人员更容易摆脱条线分割的限制，从更加综合的视角认识审计对象在经营管理方面存在的短板。基于这样的审计理念和方法，即使从某项短板业务出发，审计人员也更容易跳出具体业务，通过关联的分析思维，从不同的角度分析问题，查找原因，提出更具操作性的解决办法和建设性的措施建议。

3. 决策依据客观多样

在经营全景视图分析中，通过层层递进的经营数据分析，洞察经营状况的发展趋势，识别风险管理和内部控制状况，客观反映审计对象的整体经营情况、制约业务发展的因素，以及当下存在的重要问题和风险，可以系统化、数据化支撑审计建议，为审计对象改进经营提供具体的而非泛泛而论的决策思路。

（三）实践案例——大数据在银行经营效益分析审计调查中的应用

1. 背景与难点

银行经营效益影响因素众多，业务逻辑关系复杂，原因分析浮于表面，难以深层次挖掘关键影响因素，不利于发现经营中隐藏的信用风险、市场风险和政策风险，不能展现经营状况的全貌，不利于确定审计重点。

2. 具体运用方法

在"价值最大化"的经营管理理念下，根据财务报表，以盈利和风险为主线建立一套经营效益评估指标体系。从经营效果、效率入手，将经济增加值、经济资本回报率分别作为评价银行经营效果、效率的核心指标，以价值创造过程为主线，逐层向下建立明细指标。

一是总体经营效果分析。通过分析经营主体存、贷款规模与当地经济总量和经营价值的匹配度、关联度，以及经济资本回报率的趋势变化情况，判断经营效益受外部环境影响程度，经营价值的拓展空间，探究经营主体抓住市场机遇、抵御环境不利因素的能力。例如，经营主体存、贷款规模与当地经济总量匹配，但产出的经济增加值较低，与业务规模不匹配，导致经营主体的市场竞争力较弱，需分析经济增加值较低的影响因素。

二是经营优劣势分析。基于经营价值创造关键环节分解结果，分析净利息收入创造能力、中间业务收入创造能力、财务资源配置效率、资产质量控制、经济资本管理能力，支撑经营效益评价结果。为便于行际比较，减少规模差异影响，分析比率型指标，其会将净利息收益率、中间业务产出率、成本收入比、拨备利润比、平均经济资本占用率五项作为评价上述五项能力的核心指标，查找银行经营特点，判断经营优劣势。例如，净利息收益率、成本收入比很好，中间业务产出率、平均经济资本占用率较好，但拨备利润比较差，表明资产质量控制效果不佳，建议重点关注信贷资产质量。

三是影响因素分析。进一步分析会影响上述五项能力的内部因素，并通过指标分解，多层次、多维度进行数据挖掘，从关键业务结构、客户、行业、产品、定价等多角度，研究银行优劣势的形成原因。

3. 主要成果

一是锁定经营管理中的短板和不足。其可揭示出存款定期化趋势明显，存款付息率提升并逐步成为影响行际利差水平的主要因素；存贷比是影响银行净利息收益率的重要因素之一；对公中间业务收入高度依赖少量客户；部分行业或产品呈现高经济资本占用低收益特征，通过揭示制约业务发展的主要因素，进一步挖掘发展潜力。

二是挖掘业务的增长点。经过经营优劣势分析后，其除关注制约发展的阻碍因素，同时更要关注促进经营效益提升的有利因素，推广移植先进经验，并通过巩固优势业务、补足短板双向助力经营效益提升。

三是提出加强管理的建议。针对经营短板和不足，其向审计对象建议提高各类资源的配置效率，特别要加强对核心层客户的管理；加强无贷户中间业务挖掘；各机构还应结合本行实际情况，采取相关措施，减少经营中的不利因素。

第二节 大数据技术在审计项目中的应用

引入大数据思维和技术后,审计工作在全量数据基础上进行信息挖掘,使用全部数据而非抽样数据,在此基础上实施的审计项目将更具综合性、系统性;从海量数据中剥离出有用的线索,深度分析可能存在的风险和内控缺陷,在此基础上形成的审计发现将更具延展性、纵深性;关注数据间的相关性,提炼出一切存在的、有价值的各类隐藏的规律、规则、趋势等,在此基础上经营发展的预测更具科学性。大数据的思维和方法已被广泛运用于确认类、咨询类、评价类和跟踪类审计项目,并引领和驱动了内部审计管理及工作流程升级再造。实践证明,数据式审计在助力风控、创新、案防、精细化管理等方面,发挥了建设作用,成为提高审计质量和效率的利器。

一、确认类审计项目的大数据应用

近年来,随着金融信息化、金融科技的不断发展,银行的业务种类日益丰富,业务量呈几何级增长,加之经济活动和商业模式不断创新变化,也愈加复杂,运用传统的抽样思维和数据处理工具常常只能发现个例问题,很难全面认识审计对象、识别规律,存在风险揭示"只见树叶、不见树林"的弊端,审计风险也较大。大数据环境下,传统以"项目"为主线的单兵作战、简单分析的工作组织方式、"用样本推断总体"的模式受到挑战,亟须建立以"数据流"为主线,具有共享、协同、集成特征的审计工作模式,实现从分散作业到集中分析精准数据定位,从有限样本抽查到全局数据筛选的转变。

采用大数据分析技术,可在实施确认类审计项目时,梳理数据处理逻辑,广泛拓展数据来源,整合银行内部不同系统数据,引入与客户社会经济活动相关的各类数据,用以更加完整地分析和认识审计对象,审计视野将得到全面延伸。同时,运用数据流分解业务目标,运用大数据技术和方法发现风险及内控缺陷。

总体上看,确认类审计融合大数据思维和技术,引入来源丰富的各类数据,全面延伸审计视野，实现了审计查证前瞻；以全面审计模式替代抽样审计模式，从总体视角发现各类问题；在收集审计证据时，运用相关关系分析替代因果关系分析，在展示结果时用"多维展理"替代"孤立结论"，大幅提升审计效率和审计评价的全面客观性，促进了确认类审计业务监督作用的充分发挥。

（一）数据分析应用路径

审计人员围绕揭示风险和内控缺陷的目标，以系统内部控制测评为基础，通过对电子数据的收集、转换、整理、分析和验证，结合聚类、关联、群集分析等方法，深层次揭示业务的内在特征和联系，快速获取线索、发现审计疑点，准确定位风险，形成审计重点，促进审计视角由识别"单业务条线风险"向识别"跨业务关联风险"转变。

1. 智库化作业，引领全景式查证

在组织实施确认类审计项目的过程中，审计组可通过采用"集中分析、分散作业"的工作组织模式，在审计组内建立数据分析核心团队，集中组织开展模型运行及分析工作，并将模型运行结果和初步分析结论，提交现场核查人员进行分散验证，发挥核心团队的专家型指挥功效，对核查过程进行指导，对反馈核查结果进行复核，以提高审计查证工作效率。

传统的审计受技术、人力、信息等各种资源的限制，只能依照统计学原理进行抽样审计，在大数据时代，基于审计三大平台，集成了银行业务系统的全量数据、审计中间数据，以全量数据分析取代样本数据成为现实。在确认类审计项目中，审计分析的对象向整体挖掘分析审计扩展，主要面向全机构、全产品和全业务量，向风险领域的全面覆盖与重点关注并重转变。

2. 场景化还原，展示风险全貌

在确认类审计项目实施过程中，通过对审计监测成果、审计中间成果，以及业务数据的挖掘分析，进行风险和业务发展研判，找出银行经营管理中的突出问题、潜在风险和经营难点，形成全局性的风险预判和观点预设，以确定审计重点领域、重点关注环节。审计组可将已收集的各类数据转化为有用信息，围绕审计目标，建立数据分析思维导图。将业务和数据信息从上而下地逐层分解，运用审

计分析平台和大数据的技术、方法，批量化、快捷化处理数据，以发现业务发展变化、异常趋势、风险分布，并形成数据分析结果，编制数据分析报告。

3. 异常化诊断，实现精准预判

通过整理历史数据，并提炼异常行为特征，可获取明显异于正常客户的行为。对相关异常特征要紧追不放，并以此为突破口开展相关性分析，梳理异常事件中疑点客户、账户、终端等信息，提前控制风险。特别是其相关异常特征可以被归纳提炼，形成风控规则模型，并直接对高风险交易进行智能自动化监测。

4. 数据化线索，构成有效证据

一直以来，由于信息不对称，审计人员无法对审计对象进行充分的了解，仅凭借其职业敏感性预判潜在的风险，经常因缺乏证据，无法与审计对象达成共识。而在大数据时代，业务处理信息以电子数据形式记录和存储，审计人员可方便地获取各类数据，并通过对全局数据的分析，尽可能弥补抽样缺陷，提出更为充分、可靠的证据。

5. 融合化思维，破除单一视角

其经常以异常诊断为突破点，以隐藏在海量数据中的关联关系为追索线，以客户、员工、机构等为纽带，探索跨机构、跨业务分析面的查证，搭建全面的数据分析体系，捕捉数据中隐藏的风险，防止风险在不同敞口间相互传导。

（二）特色效果

1. 延伸数据触角，洞察风险宇宙

大数据技术的引入，将促使内部审计视角能够最大化覆盖到银行各项业务、各类产品和各个机构。审计方式由"依靠专家经验分散审查"向"依据风险分析全系统整体联动"转变，审计范围从"抽样审计"向"全量审计"转变，审计视角将从局部提升至全局，审计人员能够获得"全景式的风险视图""关联性的风险表现"。这有助于内部审计从关注微观问题向揭示全局性、系统性和机制性问题转变，促进重要风险事项的防范和整体风险的管控。

2. 数据引领查证，辨识黑白天鹅

对于一些新业务、新产品，相关监管政策和制度依据界定还不够清晰，经营机构往往通过复杂的结构设计创新金融工具。在新业务的审计中，审计人员可充分运用大数据思维和技术，从调查相关业务总量结构、风险程度、风险特征和传导路径入手，基于数据流的研究，摸清创新业务中的风险情况，揭示存在的重大问题，督促相关部门强化稳健经营思维，加强对关键环节和风险易发环节的管理。

3. 驱动数据之轮，脱离思维禁锢

在确认类项目中，在运用制度基础审计法或内控基础审计法时，审计人员主要根据审计经验和职业敏感性，通过抽样测试发现风险。但在数据式审计模式下，审计人员利用大数据审计思维和技术，可有效捕捉银行业务经营过程中潜藏的业务风险、内控缺陷或经营短板，并提出更为充分、可靠的证据，促使内部审计工作始终能够找准"病根"对症下药。在用数据呈现业务事实的基础上，洞察未被经验识别的规律和问题。以数据指向为依据，真正实现问题导向和风险导向的查证，也可更高效、更具针对性地识别业务中的风险。

二、咨询类审计项目的大数据应用

近年来，我国银行业务快速拓展，业务数据全面实现信息化、科技化，大数据技术被逐步应用于金融数据分析中，在市场营销、内部审计、风险管理等方面的应用热度渐升，技术手段日益丰富。内部审计开展咨询类审计的难点则在于从海量且混杂的数据中，充分利用事物的相关性，追求利用数据的效率，打破常规思维，更加真实地用数据说话，起到事半功倍的效果。

依托多种大数据技术分析方法，基于大量经营管理数据，突出定量分析，实施有目的的数据挖掘，可为确定咨询类审计重点、明确审计方向、预判审计结论，提供有力的决策支持。通过集成外部和跨部门、跨业务、跨产品的数据资源，审计人员可对同业市场竞争成效对比分析，有助于了解业务经营管理短板；发挥整合性的分析技术优势，能够开拓审计思路，做好观点预判，有助于数据辅助佐证采纳建议后取得的成效。

（一）数据分析应用路径

实施咨询类审计，主要围绕"厘清目标、分析现状、对比差异、提出建议"这一主线，主要运用描述分析、维度分析和比对分析，辅之以发现和预测类的数据挖掘技术方法，在发现市场、定位客户、预判风险、创新产品等方面进行规律性和前瞻性的判断，将数据信息转换为有价值的管理咨询建议，为长远决策提供客观、可靠、科学的建议。初期应用阶段，银行内部审计可充分利用已有的数据资源和大数据技术方法，从客户分析、管理/产品/业务诊断、业务预测、新产品研发等方面入手，开展此类项目。

1. 深度集成多源数据，聚焦宏观大趋势

一是融合外部数据，可视化展现经济社会发展状况及演变态势。审计人员要关注在政策导向和发展前景的驱动下，政策和市场环境的新变化、新热点，带来的新机遇。审计人员可搜集整理审计期间，区域及当地的经济发展、产业调整和特点信息，结合国家政策和重大战略实施情况，并以外部经济数据、产业研究报告和同业交换数据为基础，调查该区域内的发展热点产业、快速增长行业以及其他细分项的目标市场、现有规模和其他基础数据等。

二是跟进战略变化，厘清业务发展特征。围绕选定的事项，收集梳理银行内部相关的业务指标数据、考核政策以及推动措施，分析其发展现状和趋势。可通过相关业务部门报表数据、编制围绕模型，采用"说趋势、分维度、分层级"及其他聚类分析方法，多维检视银行热点行业、战略性新兴产业，以及国家重大战略催生新需求的业务发展情况，判断其产品、服务及客户基础的发展特征。

三是剖析同业发展情况，寻找业内标杆。从经营管理的角度，对标找出差距，分析原因，找到制约业务发展的瓶颈。可通过 Wind 资讯搜集国有银行、股份制银行发布的年报数据，在互联网搜集世界知名银行、第三方机构或平台的相关业务发展数据。

2. 相关回归促挖掘，深挖原因找不足

一是分析跨业务条线、跨产品、跨区域的业务数据，总结相关经济活动规律。在综合视角切入的基础上，从价值链的角度出发，运用结构分析、趋势分析、比较分析等技术方法，比对银行内部不同条线的业务数据，寻找影响业务发展的具体因子和关键环节，形成观点判断。同时，从客户、产品、区域等方面入手，将有用的数据提炼、转换成经营管理信息数据，参考其他信息，通过进行问卷调查、现场访谈等，总结归纳数据信息背后的经济活动规律，进而实现审计目标。

二是挖掘业务数据之间的关联关系，发现关键驱动因素。银行不同系统、不同业务数据之间的结构和关联非常紧密，其内容可以直接联系到具体的产品或客户，审计人员可在对搜集的数据进行全面整理的基础上，梳理出重要的信息，发现关键的驱动因素，并从中得出影响经营管理的更好建议，推动审计成果向经营管理成果的转化。

三是立足数据分析结果，开展访谈和问卷调查。访谈提纲和调查问卷内容的设计主要是基于数据分析结果，就业务经营短板可能产生的原因，事先设计好一系列问题来获取有关信息和资料的一种方法，由被调查者做出回答，通过对问题答案的回收、整理、分析，获取有关数据信息。依托访谈和问卷调查结果、政策检索等手段，深层剖析调查事项所涉及经营机构业绩下滑、份额不高、成本高昂或收益较低的原因。

3. 时序多源助预测，发现增长新空间

一是总结历史规律，预测未来业务发展趋势。通过对业务发展趋势的分析预测，可以为决策和行动服务。通常情况下，预测是基于对过去发展规律的总结，有了大数据技术，就可以让归纳总结的数据大幅度增加，对基本面的掌握更加全面，可通过对以往业务的分析建立相对更为精准的趋势预测模型。

二是多视角量化分析指明了未来发展路径。通过内外部数据的比较，从与经济发展趋势相悖之处、与客户金融习惯变化不符之处、比领先者落后之处等方面入手，特别是从相差较大之处入手，深度揭示数据背后的"故事"。通过对数据的可视化展示，多视角、多维度、多路径量化反显对业务的影响程度，透视内部管理薄弱环节及经营管理难点，或者指明应重点关注的发展盲区，提出产品、流程、客户拓展维护等优化建议。

（二）特色效果

咨询类审计主要坚持三个导向，坚持融入性和前瞻性，利用大数据分析特点，从管理视角分析问题，用数据说话，促经营成效、减经营负担、提管理质量，着力解决经营中的部分难点问题。

1. 多源验证突破传统视角

在咨询类审计中，审计人员通过跨系统、跨行际的数据分析，用数据总结方向性和倾向性的数据特征，实现对业务发展现状、客户行为特征的新认识，并且能够可视化展现特征变化的新趋势，明确新趋势的发展阶段、发展程度等。在此基础上能够提出更加有效的审计建议，有助于经营部门变换视角去审视业务发展中的问题，进而改进经营管理策略。

2. 症结诊断终结单一表象

咨询类审计的一个重要目标是帮助经营部门找准业务发展存在短板的症结。但在以往的咨询类审计中，由于缺乏"动因"类数据的支撑、缺乏从新角度展开的分析，得出的结论往往是单一的、表象的，或者是那些看似理所当然的、已经被普遍认知的原因。此类原因，或者与经营部门的自身认知没有本质区别，不利于引起重视，或者是客观原因、个人原因，不利于找到抓手落地。但在运用大数据思维与技术后，对原有数据增加各类标签，使得数据分析的基础更加宽泛、多元，如引入行为、习惯、偏好等"动因"数据，分析此类数据，有利于找到表象背后真正的原因。

3. 量化分析拓展增值服务

借助自身拥有的跨业务数据优势和数据分析技术，内部审计不仅可以为经营部门改善经营管理提供策略性建议，还可以在存量客户价值挖掘、新客户拓展营销、内部管理价值挖潜、不良客户资产追索等方面提供直接的、可量化的数据支持，有助于明确体现审计创造的附加价值。为此，基于审计拥有的跨系统数据，从银行角度出发，通过机构、条线、交易痕迹等数据间的集合及关联，实现追索范围覆盖面的扩大，进一步精准定位可回收财产线索。

三、评价类审计项目的大数据应用

评价类审计是银行内部审计常年组织的综合性审计活动之一。其中,最为常见的就是经济责任审计,即基于被审计人履职特色,围绕其任职期间的经营管理业绩和风险控制状况、决策和审批等内容,评价其主要经济责任的履行情况,界定其应当承担的责任。

此类审计活动的难点与特点是时间紧、信息杂、指标与评价事项间勾稽关系复杂,信息采集多靠经验判断。此外,随着内外部监管要求逐年提高,经济责任审计的工作量日益增加、重要性日益突显。因此,亟须建立一套"明确数据来源、构建数据关联、分析处理数据以及报告评价结果"的标准化、自动化工作流程,通过批量采集数据、规范指标管理、深度挖掘数据、自动生成报告,客观反映被审计人的履职效果。

此类审计活动基于大数据审计分析方法,围绕经济责任审计的主要内容,可建立相关数据信息采集标准和规则,实现对经营数据、经营管理信息、以往审计成果的自动收集、调用,智能抽取具有代表性的指标,快速展现被审计人的经营业绩,并重点关注被审计机构的风险状况,实现模板化生成审计报告,使经济责任审计模板化、清单化、快速化,提高评价类审计的工作效率和工作质量。

(一)数据分析应用路径

1. 智能化提取和分析,叠加聚合优势

首先,激活文档类信息的数据价值。通过对经济责任信息库中的工作总结、考核通报、重大风险事项、历史审计发现、舆情信息等文档,审计机构可进行结构化或半结构化处理,从机构、负责人、分管部门等维度,将经营业绩、风险控制、决策审批、重大风险事项、内外部考评结果、分工文件等事项归类,以更好地实现信息分析利用。

其次,作业分层模块化。实施分层、分级模块作业,审计机构承担的经济责任审计一般涉及多个层级的正、副职。因分管业务不同,评价尺度常难以把握。

在数据准备中，可针对不同的业务单元，建立不同的评价标准。评价标准通过统一数据口径、存储格式，实现指标数据的标准化收集和提取。

最后，智能化输出分析和数据。审计组综合运用标准化的指标数据以及经结构化的文档信息，并借助信息数据共享，形成了较为完整的"经济责任审计基础数据库"。借助系统或工具，其可实现对基础数据信息进行智能化输入、存储、处理和输出，进一步提高信息数据利用效率。不管被审计人分管哪类业务，依据相应业务单元的评价依据，即可进行综合评价。

2. 数字化测量和评价，描绘立体画像

一份成功的经济责任审计报告，就是描绘被审计人履职情况的一幅客观、真实的立体画像，通过数据佐证，既肯定了取得的成绩，又指出了存在的不足，使其画像愈加逼真，更具说服力。

3. 自动化输出和界定，突出说深说透

审计人员在开展经济责任审计时，在系统中输入被审计人、被审计单位、任职期间、分管业务等信息，系统将基于标准化审计报告模板，自动输出被审计人分管业务主要数据指标表，以及经营业绩、风险控制、审批决策等定期日常监测分析结果，展现与被评价人履职相关的经营管理情况，形成经济责任审计报告初稿。

（二）特色效果

1. 组织模式"短、平、快"

通过建立采集标准和规则，搭建系统，实现对经营数据、经营管理信息、以往审计成果的自动收集、关联比对、综合运用，智能抽取代表性指标，快速展现被审计人的经营业绩，实现模板化生成审计报告，能够支持不同机构层级的日常监测和分析评价，有助于减少重复劳作，缩短数据收集时间，提高经济责任审计的审计质量和工作效率。经济责任审计基础数据库承担业务指标提供者角色，协助分配审计项目的同时，将被审计机构的业务指标快速提供审计组，有效减少审前准备工时。基于大数据的智能化运用，有力支持了经济责任审计实施方式和工作机制的创新，可以实现对经济责任审计提请的迅速响应，通过批量化、集中化的运作、快速高质完成，即组织模式的"短、平、快"，以满足监管和用人单位需要。

2. 程序确认"严、实、全"

实现指标提取智能化、报告输出自动化，相对固化了经济责任审计的关键流程，严格执行了经济责任审计的规定程序，使模块化作业成为现实。指标评价体系对经营业绩的评价标准实现统一，使用规范的语言来评价被审计对象，准确表达对被审计对象经营管理方面的定性，也规避了不同审计人员能力和经验差异的影响，客观上提升了经济责任审计评价程序的实操性、公允性。

3. 评价突出"精、准、稳"

在全面掌握被审计人所处的经济环境、监管政策及要求的情况下，通过开展计划完成情况比较、同业对标、系统内对标、与区域经济环境的对标等多层面的数据综合比对和关联分析，可以更加全面反映被评价人指标完成情况、市场竞争力、系统贡献度及业务发展趋势。

借助经结构化处理的历史问题库、工作总结、风险控制措施、决策审批等文档信息，实现指标"硬"数据和文档"活"数据的关联比对，判断与被评价人履职相关领域的问题发生趋势、风险控制情况，综合评定被评价人在经营管理中的作用和作为，使得审计评价更加突出被审计人的责、权、利及个人管理风格，使"画像"更加精准。

借用数据，调查分析风险和问题形成的历史背景、发展过程、被审计人相关作为及其影响程度，同时要考虑区域经济环境影响，通过对当地经济环境、市场机遇、政策影响等情况的综合考量，充分反映被审计人履职情况，有助于区分违规违纪、违反集体决策原则、历史遗留问题、业绩完成不佳、资产质量下降等不同类型的问题应承担的相应责任，同时充分考虑尽责免责因素的影响，达到客观、准确界定被审计人的经济责任。

第三节　大数据在互联网与生物医学领域的应用

一、大数据在互联网领域的应用

（一）大数据在互联网经济发展中的应用

互联网经济指的是各类互联网经济活动的总和。互联网经济是信息网络化发展的产物，其中涉及生产、交换、分配、消费等多个经济环节，而其中获取信息、提出决策都需要依靠互联网来实现。互联网经济的特点主要体现在以下几方面：第一，效率高。互联网经济中的交易过程依靠互联网就可以实现，交易双方可以打破时空限制，大大提升了业务处理的速度。而且在数据库的支持下，多笔交易可以同时进行，进而提高了工作效率。第二，成本低。在互联网经济中，交易双方可以通过网络平台自行完成定价与交易，由于不需要固定的经营场所，交易运营成本也进一步降低。第三，风险大。这里的风险主要是两方面，一是信用风险，部分网络平台准入门槛较低且缺乏监管，为欺诈等不法行为提供了可乘之机；二是网络安全风险，若互联网在运行中遭遇黑客攻击，消费者的资金安全和个人信息安全将会受到威胁。第四，覆盖广。在互联网经济运行下，可以打破传统交易过程的限制，因此也获得更为广泛的客户基础。第五，发展快。随着电子商务的发展，互联网经济也得到显著增长，并逐步进入到全民参与的发展阶段。

（二）大数据对互联网经济发展的促进

1. 推动商业的重新组合

某种意义上来说，信息技术部门当前已经成为很多大型企业发展不可或缺的部门，通过信息技术部门对相关数据进行获取与分析，企业管理层才可以做出更为科学的决策，进而满足市场与企业的发展需求。可见，企业要想把握前进方向，就应充分发挥出信息技术部门的资源优势，加强对大数据技术的研发与应用，通过科技发展来带动企业效益的提升。伴随着信息化和数据化发展趋势，企业对于信息技术部门的重视势必不断提升，这样的商业机构与模式在一定程度上也会进行重新组合，这也是技术创新与时代发展的必然成果。

2. 构建大数据商业环境

当前，在大数据技术持续发展的环境下，人们接触的信息量也在成倍增长，可见大数据环境最重要的特点就是信息数据类别的增加。而且，其中很大一部分数据信息是没有固定结构的，通过图像、影像、文字、音像等多种形式都可以实现对信息的提炼、分析与汇总。与此同时，信息量的剧增构成了大数据商业环境，而大数据技术也成为电子商业中的关键技术。大数据技术不仅可以实现对当代社会各行各业的全覆盖，还可以进一步推动商业数据与信息之间的互联共享，并对其中的内涵展开深入挖掘。可以说，大数据在互联网经济中的应用真正意义上转变了以往经济商业互动环境，以及信息数据的处理与整理流程，同时也必将影响到整体宏观经济和商业活动的结构。对于处于互联网经济环境下的企业来说，应充分认识到大数据商业环境形成是一个必然趋势，因此应不断提高自身适应力。

3. 促进新兴产业的生成

信息技术的应用显著提升了大数据的获取能力，同时在其生产要素的作用下，进一步推动了产业劳动生产率与服务水平的提升。大数据技术促使产业分工更为明确，并促进了新兴产业的形成。借助大数据技术，新兴产业的商业过程逐渐清晰化，并体现出商业结构优化与运营成本降低的优势，这也使得新兴产业在大数据环境下所产生的经济效益要明显高于传统产业。由此可见，将大数据应用于互联网经济中，为新兴产业的形成注入新的活力，使传统产业结构、经济格局与市场环境发生实质上的转变与完善。

（三）大数据在互联网行业的应用

随着互联网的发展，数据量呈现出爆炸式增长，传统的数据处理方法已经不能够满足互联网行业对于数据处理的要求。大数据技术因其能够快速高效地处理海量数据，因而受到了广泛的关注。在互联网行业中，大数据技术也具有广泛的应用。接下来，笔者将从商业领域、社交网络、搜索引擎、互联网金融四个方面来阐述大数据技术在互联网行业中的应用。

1. 商业领域

商业领域是大数据技术的一大应用场景，大数据技术可以将各种数据进行整合，并通过分析数据，帮助企业得出正确的经营战略。通过对客户数据、销售数据、市场数据进行分析，企业可以深入了解消费者的需求，在制定营销策略时更有针对性，提高销售额。

2. 社交网络

社交网络是互联网上的重要应用之一，也是大数据技术的重要应用领域之一。社交网络中的用户行为数据是大数据分析的重要数据来源。通过对用户行为数据的分析，社交网络可以更好地发现用户需求，精细化推荐和广告服务，提高用户留存率和广告收入。

3. 搜索引擎

搜索引擎是广泛使用大数据技术的应用之一。对于搜索引擎来说，大数据技术尤为重要。在搜索引擎中，大数据技术能够对搜索结果进行排序和匹配，帮助用户快速找到自己想要的信息。而对于搜索引擎来说，大数据技术可以收集和分析海量网络数据，并快速处理这些数据，以提高搜索精度和效率。

4. 互联网金融

互联网金融是互联网行业中发展迅速的领域之一。在互联网金融领域中，大数据技术可以用于风控、反欺诈等方面，提高互联网金融的风险管控能力。

总之，大数据技术的应用已经融入互联网行业的方方面面。它可以帮助企业深入了解用户需求，优化运营管理，提高业务效率和用户体验，从而增强公司的竞争力和市场地位。

二、大数据在生物医学领域的应用

大数据在生物医学领域得到了广泛的应用。在流行病预测方面，大数据彻底颠覆了传统的流行疾病预测方式，使人类在公共卫生管理领域迈上了一个全新的台阶。

（一）流行病预测

1. 传统流行病预测机制的不足

在公共卫生领域，流行疾病管理是一项关乎民众身体健康甚至生命安全的重要工作。一种疾病，一旦真正在公众中爆发，就已经错过了最佳防控期，往往会带来大量的生命和经济损失。

在传统的公共卫生管理中，一般要求医生在发现新型病例时上报给疾病控制与预防中心，疾控中心对各级医疗机构上报的数据进行汇总分析，发布疾病流行趋势报告。但是，这种从下至上的处理方式存在一个致命的缺陷：流行疾病感染的人群往往会在发病多日进入严重状态后才会到医院就诊，医生见到患者再上报给疾控中心，疾控中心再汇总进行专家分析后发布报告，然后相关部门采取应对措施，整个过程会经历一个相对较长的周期，一般要滞后一到两周，而在这个时间段内，流行疾病可能已经进入快速扩散蔓延状态，结果导致疾控中心发布预警时，已经错过了最佳的防控期。

2. 基于大数据的流行病预测

今天，大数据彻底颠覆了传统的流行疾病预测方式，使人类在公共卫生管理领域迈上了一个全新的台阶。以搜索数据和地理位置信息数据为基础，分析不同时空尺度人口流动性、移动模式和参数，进一步结合病原学、人口统计学、地理、气象和人群移动迁徙、地域之间等因素和信息，可以建立流行病时空传播模型，确定流感等流行病在各流行区域间传播的时空路线和规律，得到更加准确的态势评估和预测。

（二）智慧医疗

随着医疗信息化的快速发展，智慧医疗逐步走入人们的生活。IBM 开发了沃森技术医疗保健内容分析预测技术，该技术允许企业找到大量病人相关的临床医疗信息，通过大数据处理，更好地分析病人的信息。加拿大多伦多的一家医院利用数据分析避免早产儿夭折，医院用先进的医疗传感器对早产婴儿的心跳等生命体征进行实时监测，每秒钟有超过 3 000 次的数据读取，系统对这些数据进行实时分析并给出预警报告，从而使得该医院能够提前知道哪些早产儿出现问题，并且有针对性地采取措施。我国厦门、苏州等城市建立了先进的智慧医疗在线系统，可以实现在线预约、健康档案管理、社区服务、家庭医疗、支付清算等功能，大大便利了市民就医，也提升了医疗服务的质量和患者满意度。可以说，智慧医疗正在深刻改变着我们的生活。

智慧医疗是通过打造健康档案区域医疗信息平台，利用最先进的物联网技术和大数据技术，实现患者、医护人员、医疗服务提供商、保险公司等之间的无缝、协同、智能的互联，让患者体验一站式的医疗、护理和保险服务。智慧医疗的核心就是"以患者为中心"，给予患者以全面、专业、个性化的医疗体验。

1. 促进优质医疗资源的共享

我国医疗体系存在的一个突出问题就是医疗资源分布不均衡的问题，智慧医疗给这个问题的解决指明了正确的大方向：一方面，社区医院和乡镇医院可以无缝连接到市区中心医院，实时获取专家建议、安排转诊或接受培训；另一方面，一些远程医疗器械可以实现远程医疗监护，不需要患者亲自跑到医院，例如无线云安全自动血压计、无线云体重计、无线血糖仪、红外线温度计等传感器，可以实时监测患者的血压、心跳、体重、血糖、体温等生命体征数据，实时传输给相关医疗机构，从而使患者获得及时有效的远程治疗。

2. 避免患者重复检查

以前，患者每到一家医院，可能会重复做在其他医院已经做过的各种检查，不仅耗费了患者大量的时间和精力，影响了患者情绪，也浪费了国家宝贵的医疗资源。智慧医疗系统实现了不同医疗机构之间的信息共享，在任何医院就医时，只要输入患者的身份证号码，就可以立即获得患者的所有信息，包括既往病史、检查结果、治疗记录等，再也不需要在转诊时做重复检查。

3. 促进医疗智能化

智慧医疗系统可以对病患的生命体征、治疗化疗等信息进行实时监测，杜绝用错药、打错针等现象，系统还可以自动提醒医生和病患进行复查，提醒护士进行发药、巡查等工作。此外，系统利用历史累计的海量患者医疗数据，可以构建疾病诊断模型，根据一个新到达病人的各种病症，自动诊断该病人可能患哪种疾病，从而为医生诊断提供辅助依据。未来，患者服药方式也将变得更加智能化，不再需要采用"一日三次、一次一片"这种固定的方式，智慧医疗系统会自动检测患者血液中的药剂是否已经代谢完成，只有当药剂代谢完成时才会自动提醒患者再次服药。此外，可穿戴设备的出现，让医生能实时监控病人的健康、睡眠、压力等信息，及时制订各种有效的医疗措施。

（三）生物信息学

生物信息学是研究生物信息的采集、处理、存储、传播、分析和解释等方面的学科，也是随着生命科学和计算机科学的迅猛发展，将二者相结合形成的一门新学科，它通过综合利用生物学、计算机科学和信息技术，揭示了大量而复杂的生物数据所蕴含的生物学奥秘。

与互联网数据相比，生物信息学领域的数据更是典型的大数据。首先，细胞、组织等结构都是具有活性的，其功能、表达水平甚至分子结构在时间维度上是连续变化的，而且很多背景噪声会导致数据的不准确性；其次，生物信息学数据具有很多维度，在不同维度组合方面，生物信息学数据的组合性要明显大于互联网数据，前者往往表现出"维度组合爆炸"的问题，比如所有已知物种的蛋白质分子的空间结构预测问题，仍然是分子生物学的一个重大课题。

生物数据主要是基因组学数据，在全球范围内，各种基因组计划被启动，有越来越多的生物体的全基因组测序工作已经完成或正在开展，并将会有更多的基因组大数据产生。除此以外，蛋白组学、代谢组学、转录组学、免疫组学等也是生物大数据的重要组成部分。每年全球都会新增 EB 级的生物数据，生命科学领域已经迈入大数据时代，生命科学正面临从实验驱动向大数据驱动转型。

生物大数据使得我们可以利用先进的数据科学知识，更加深入地了解生物学过程、作物表型、疾病致病基因等。将来我们每个人都可能拥有一份自己的健康档案，档案中包含了日常健康数据（各种生理指标，饮食、起居、运动习惯等）、基因序列和医学影像（CT、B 超检查结果）；用大数据分析技术，可以从个人健康档案中有效预测个人健康趋势，并为其提供疾病预防建议，达到"治未病"的目的。由此将会产生巨大的影响力，使生物学研究迈向一个全新的阶段，甚至会形成以生物学为基础的新一代产业革命。

参考文献

[1] 莫宏伟，徐立芳. 人工智能伦理导论［M］. 西安：西安电子科学技术大学出版社，2022.02.

[2] 强彦. 人工智能算法实例集锦 Python 语言［M］. 西安：西安电子科学技术大学出版社，2022.03.

[3] 安俊秀，叶剑，陈宏松. 人工智能原理、技术与应用［M］. 北京：机械工业出版社，2022.07.

[4] 黄慕雄. 人工智能助推教师队伍建设基于广东省的调查［M］. 广州：广州暨南大学出版社，2022.07.

[5] 杨明刚. 北京大学大数据与新媒体课程教材人工智能时代的风险治理［M］. 深圳：深圳市海天出版社，2022.01.

[6] 张强华. 大数据英语实用教程［M］. 西安：西安电子科学技术大学出版社，2022.07.

[7] 程显毅，任越美. 大数据技术导论：第 2 版［M］. 北京：机械工业出版社，2022.08.

[8] 褚君浩. 秘境寻优人工智能中的搜索方法［M］. 上海：上海科学技术文献出版社，2022.02.

[9] 王刚，郭蕴，王晨. 人工智能技术丛书自然语言处理基础教程［M］. 北京：机械工业出版社，2022.01.

[10] 股震子. 股市掘金人工智能板块股票投资指南［M］. 北京：中国宇航出版有限责任公司，2022.01.

[11] 罗森林，潘丽敏. 大数据分析理论与技术［M］. 北京：北京理工大学出版社，2022.02.

[12] 刘春. 大数据基本处理框架原理与实践［M］. 北京：机械工业出版社，2022.01.

[13] 杨德明. 互联网＋大数据与实体经济的深度融合［M］. 上海：上海人民出版社，2022.02.

[14] 丛颖男. 大数据与产业创新研究第 2 辑［M］. 北京：中国经济出版社，2022.06.

[15] 高延增，熊金泉. 数据挖掘算法导论［M］. 西安：西安电子科学技术大学出版社，

2022.05.

［16］岳晓宁. 数据统计与分析［M］. 北京：机械工业出版社，2022.02.

［17］林勇，陆星家. 数据可视化技术［M］. 西安：西安电子科学技术大学出版社，2022.03.

［18］言有三，郭晓洲. 智能系统与技术丛书生成对抗网络 GAN 原理与实践［M］. 北京：机械工业出版社，2022.10.

［19］杨武军，郭娟. 现代互联网技术与应用［M］. 北京：机械工业出版社，2022.01.

［20］方维. 增强现实技术原理与应用实践［M］. 北京：北京邮电大学出版社，2022.04.

［21］林熹. 区块链导论［M］. 北京：机械工业出版社，2022.01.

［22］陆海娜. 大数据人工智能与妇女工作权［M］. 北京：知识产权出版社，2021.06.

［23］陈小平. 人工智能伦理导引［M］. 合肥：中国科学技术大学出版社，2021.02.

［24］王恒心，李江. 走进人工智能［M］. 杭州：浙江工商大学出版社，2021.09.

［25］陈敏光. 极限与基线司法人工智能的应用之路［M］. 北京：中国政法大学出版社，2021.09.

［26］惠志斌，李佳. 人工智能时代公共安全风险治理［M］. 上海：上海社会科学院出版社，2021.05.

［27］张光华. 人工智能与大数据技术大讲堂从零开始构建深度前馈神经网络 Python + TensorFlow 2.x［M］. 北京：机械工业出版社，2021.12.

［28］谭峰，田芳明，张东杰. 人工智能与作物生产深度融合关键技术研究［M］. 哈尔滨：哈尔滨工程大学出版社，2021.03.

［29］朱梦云. 论人工智能生成物的著作权保护［M］. 北京：知识产权出版社，2021.07.

［30］王教凯. 科技教育系列人工智能与科技智造创新实践［M］. 北京：机械工业出版社，2021.03.

［31］魏真，张伟，聂静欢. 人工智能视角下的智慧城市设计与实践［M］. 上海：上海科学技术出版社，2021.06.

［32］林友芳. 交通大数据［M］. 北京：北京交通大学出版社，2021.09.

［33］龚卫. 大数据挖掘技术与应用研究［M］. 长春：吉林文史出版社，2021.03.